Quality Assurance and Engineering Efficiency

研发质量保障与工程效率

麦思博（msup）◎ 编

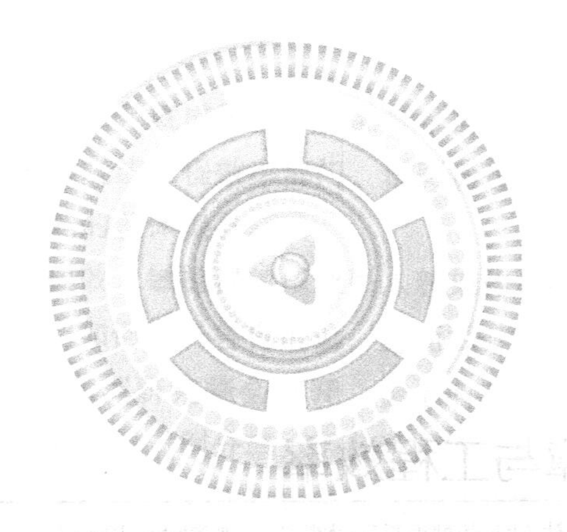

机械工业出版社
China Machine Press

案例背景

传统行业和互联网行业对产品可靠性的要求是不一样的，比如美国航天局的 Gensym 项目，其对可靠性的要求远远高于互联网产品。互联网产品的性质决定了测试的指标要求，测试指标的要求不同又导致了测试策略和测试方法的不同。互联网企业要求速度快、质量高，但由于互联网企业的链路比较长，在这种背景下测试如何开展和执行是值得每个企业关注的问题。

为此我们要解决的核心问题有：

1）沟通问题。测试工作的大部分成本都花在沟通上，在长链路的互联网企业中，上下游沟通费时费力，一个完整的测试流程往往需要多个部门联动。

2）效率问题。我们一般会评估开发测试比，一般的情况是 3：1，如何将这个比例提升到 8：1 则是我们想要解决的问题。

3）指标的可视化问题。测试工作中我们常常无法衡量测试的覆盖度和开发的质量。

为解决上面的三个问题，我们制定的措施是标准化、流程化和可视化。

案例实施

1. 接口的自动化测试概述

（1）标准化

标准化的指标包括需求文档的标准化、Case 的标准化、代码编写及注释的标准化、Bug 提交的标准化、测试环境搭建的标准化、验收的标准化、发版的标准化。

1）需求文档的标准化：有统一的需求说明书模板，需要按照标准模板来填写需求文档。

2）Case 的标准化：我们在工作中执行自己的测试用例不会有什么障碍，但执行别人写的用例时会不知所措，可能在多次阅读之后才理解该用例检查的是什么功能点，也可能在看到测试用例后不知道该如何执行。测试用例用来指导我们的测试，它的可读性、可操作性非常重要。因此，在测试用例编写风格及样式的统一问题上有如下标准：

- 用例标题简明，清晰反映测试点。建议采用“功能点 - 测试点”的格式，方便执行者迅速理解用例对应哪个功能下的哪个测试点。
- Precondition 应标明前提条件，对于使用固定或特殊账号、数据才能执行的用例需标名测试数据，对于步骤较多或场景复杂的用例建议添加简单的目的描述或场景描述，便于执行者理解。

- 测试步骤描述要简洁、清晰，一步就是一步，避免将多个步骤或操作放在一句话中。对于一个 step 下有多个小步骤的情况，应为 step 下的每个小步骤标明"1、2、3"，每个小步骤描述应尽量简洁，避免执行者花很长时间阅读、理解一个步骤所要表达的操作。
- 每个 step 的期望结果描述应简洁、清晰，可将输出结果细化成几个不同的小点，避免将所有期望结果杂糅在一句话中。如一个步骤可能对应多个要检查的输出，建议将每个小的输出标明"1、2、3"，每个小输出的文字描述应尽量简洁、易懂。
- 插入截图，方便读者理解。有时 case 中的文字越多反而可读性越差，阅读者或执行者很难明白用例所要表达的意思，但是截图可以代替很多文字描述，很直观地向读者展示所要进行的操作和所期望的结果，便于读者理解。每个 case 至少应有 1 张或 2 张截图，对于要切换页面的地方也可以放上截图。
- 用例的划分应单一。一个测试用例只检查一个功能下的一个测试点，这样我们测试了哪些情况，以及哪些功能点我们在重点测试，一目了然。如果一个用例检查的点太多，会导致用例的目的不清晰。
- 区分用例优先级。区分用例优先级，才能使执行测试的人在规定时间内优先确保主要功能及流程正常，如登录、注册等影响主流程的用例优先级应标为 high，普通功能但非主流程用例应标为 medium，字段长度校验、必填项校验等不影响上线质量的优先级应标为 low。如果不明确区分优先级，当测试时间较短时，执行测试的人将浪费大部分时间在字段长度等次要问题的检查上，而忽略流程性的 Bug，导致上线延迟。
- 设计用例需考虑各种异常场景。

3）代码编写及注释的标准化。开发时必须按照 Google Java Style 去编写代码，并且使用 CheckStyle（http://checkstyle.sourceforge.net/reports/google-java-style-20170228.html）去检查你编写代码是否符合规范。如果提交的代码不符合标准会被自动拒绝，符合标准则会自动触发 FindBugs（http://findbugs.sourceforge.net/index.html）。

4）Bug 提交的标准化。Bug 提交的标准化包含如下几点。

- Bug 描述：描述要简单、清晰。
- 重现步骤：需要提供完整的重现步骤。
- 预期结果：期望值、期望结果或预期行文。

- 实际结果：实际值、实际结果或实际行文。
- 问题原因：需要提供堆栈或日志，并提供初步的问题原因。
- 使用环境：发现的问题的环境。
- 产品的版本：产品 Release 的版本号信息。
- 外部数据编号：数据依赖及数据。
- 视频及截图：视频或截图中会对每个操作步骤加文字和断点，并有详细的备注信息。

5）测试环境搭建的标准化。测试环境的建立和部署应按照以下步骤来执行：

- 创建裸机模板。
- 从裸机模板创建实例机。
- 通过自动化脚本安装服务端和客户端，并在实例机上启动相关的服务。
- 验收完成后，自动回收实例机。

6）验收的标准化。验收环节需要满足以下标准：

- 自动检查每个 Bug 提交时是否符合 Bug 修复的代码提交规范。
- Bug 信息完整，需要包含 BugID、注释、提交者 ID。
- 需要按照测试环境搭建的标准化来验收 Bug 是否修复。
- Bug 验收后，触发代码 Review 平台。
- Review 平台自动创建任务给 Code Review 工程师。
- Code Review 工程师由架构师及以上级别的人来担任。
- Code Review 工程师会判定本次修改的代码是否可以合并到 Master。判定通过后合并到 Master，并重新触发整个流程。

7）发版的标准化。发版的标准化包含以下标准：

- 自动检查版本是否可以自动升级到新的版本。
- 自动检查和执行 SQL。
- 如果升级失败，是否能够回滚到之前的版本。

（2）流程化

流程化包含以下两个方面。

- 自动化流程周转工具：整个研发过程采用了工作流的工具，会自动创建新的任务给下一个环节的人。
- 持续不断地通过报表改善现有流程：整个研发流程和验收流程会以每三个月的频率根据统计出来的数据进行改进。流程不会一成不变，而是持续地改进。

（3）可视化

可视化即可度量化，包括以下两个方面。

- 开发质量的可度量化：需要关注修复 Bug 的一次通过率、开发新功能的一次验收通过率、开发的周及月产出。
- 测试指标的可度量化：测试验收的 Bug 及新功能的数量、自动化脚本的维护量、覆盖率。

2. 实施的步骤

（1）测试数据的自动化准备

在实际工作中，创建测试数据往往需要很长的时间，最令人头疼的事情莫过于准备测试数据。那么，如何自动化地生成高质量的测试数据呢？

从数据的生成来讲，生成数据有 5 种方法。

- 手工生成：按照测试用例去设计数据。
- 自动生成：完全随机或有目标地随机生成测试数据。
- 数据库注入 SQL：通过 SQL 来生成测试数据。
- 第三方工具：有很多针对特定类型数据生成测试数据的工具，例如邮箱地址、IP、邮编地址等，这些数据本身有很强的固定性，所以可以使用开源工具来帮助生成测试数据。
- 面向路径的数据生成：通过分析代码里面的常量、变量及逻辑约束来获取测试数据，这种方法也可以叫作有目标地生成数据。

从数据生成的策略来讲，生成数据有 4 种方法。

- 任意测试数据的生成：按照数据类型随机生成测试数据。
- 有目标的数据生成策略：基于数据流程图（CFG）、数据依赖流（DDG）、程序依赖流（PDG）、系统依赖流（SDG）、扩展的有限状态机（EFSM）。
- 数据变异（Mutation Testing）。
- 智能化的数据生成：如遗传算法来生成数据等。

我们最后采用的策略是：人工生成数据，并对数据进行分析和抽取，加入边界值及异常值，再通过正交试验去除无效数据，最后通过代码覆盖率和变异分数进行二次筛选。

代码覆盖率用来证明代码是否被执行过，变异分数用来衡量数据的质量。正交测试用例设计又称为组合试验法。利用场景法来设计测试用例时，作为输入条件的场景非常庞大，会给软件测试带来沉重的负担，而如果舍弃一些场景，测试的覆盖度可能不够，会漏测一些 Bug。因此，为了有效地减少测试缺陷的遗漏，合理地减少测试的工时与费用，我们可利用正交实验设计方法，也就是我们所说的用最小的用例来覆盖更多的代码。

（2）测试覆盖率和开发质量可视化

一开始我们使用原生 Jacoco 获取覆盖率，发现覆盖率非常的低，大约在 20%～30%，于是我们又用 Sonar 做了一版基于类修改的代码覆盖率，将代码覆盖率提升到了 40%～60%，但这仍然比较低。后来我们又用抽象语法树（Abstract Syntax Tree，AST）做了一版基于方法改动的代码覆盖率，将代码覆盖率提升到了 70% 以上，有效地体现出测试的执行过程。AST 的原理如图 2-1 所示。

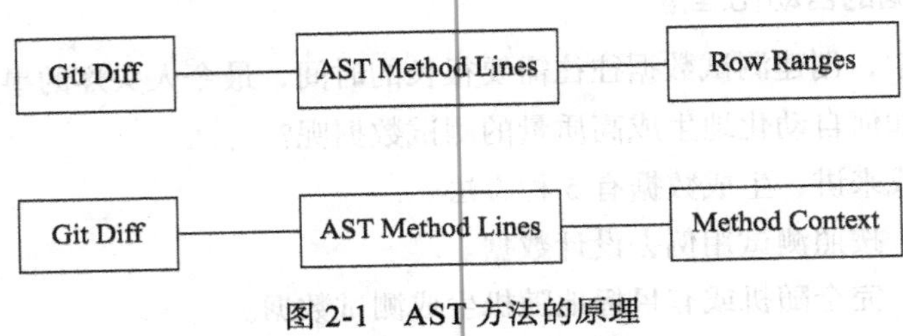

图 2-1　AST 方法的原理

上图中，我们通过 Git Diff 拿到修改的代码行数，再通过 AST 获取每个方法的起始行数和终止行数，这样我们就可以很容易地判断出是哪个方法进行了修改。

当然，我们也可以通过 Git Diff 识别出哪个类进行了修改，然后针对这些修改的类，获取每个类下面的方法体的内容，逐个比较。这个过程类似于文本比较，只要比较方法体的内容是否被修改过即可。

无论使用哪种方法，我们的目的很明确，就是需要知道哪些方法被修改过了，这样测试人员就可以有针对性地开展测试工作。

我们将每次测试覆盖的基于方法层面的覆盖率收集到数据库中，就可以获取最常出现的 10 个类修改，通过 Git 的提交来分析测试和研发是否有问题。排名前 10 修改的类如图 2-2、图 2-3 所示。

package	class	modifycount
me.ele.minimart.backend.data.dao.entity	LogisticsOrder	32022
me.ele.minimart.backend.data.dao.entity	ShelfGroupInfo	23669
me.ele.minimart.backend.data.dao.entity	TaskInfo	17219
me.ele.minimart.backend.api.service.dto.reponse	CommodityManagementInfoResDto	12432
me.ele.minimart.backend.data.dao.entity	ShelfGroupStockInfo	11956
me.ele.minimart.backend.data.dao.entity	ShelfGroupStockInfoLog	11514
me.ele.minimart.backend.api.service.dto.reponse.schedulingTask	TaskInfoRepDto	10965
me.ele.minimart.backend.data.dao.entity	CommodityManagementInfo	10699
me.ele.minimart.backend.vo	ScreeningConditionsJSON	9978
me.ele.minimart.backend.data.dao.entity	SkuAttributesInfo	9517

图 2-2　排名前 10 修改的类一

案例背景

随着业务敏捷化能力的不断深入落地，敏态业务在交付频次上有了显著提升。但是，交付频次并不意味着出色的交付能力，它只代表效率，而效果或者说质量也是交付能力必须要考虑的特性内容。所以在敏态业务模式下，我们不仅要保障整体的测试质量，也要适当跳出角色限制，以全局的高度来审视测试工作，协同团队，实现更好、更快的交付，赋能整体交付组织。如何更好地赋能业务、实现出色的交付能力，对测试团队来说不仅是一份责任，更是一份挑战。

本文主要介绍科大讯飞 AI 营销业务的测试团队如何一路披荆斩棘，以测试赋能业务、重视质量内建、高效协同上游团队，将研测团队效能、版本质量和交付能力不断推向新高！下面我们就来揭秘测试团队是通过什么样的丰富实践促使业务更好地实现交付能力，助力业务发展的。实践主要从 3 个维度展开介绍，分别为缺陷预防能力建设、测试技术能力驱动、交付流程精益优化。

案例实施

1. 缺陷预防能力建设

（1）质量内建的必要性

缺陷是研测阶段最重要的产物。缺陷若在需求设计阶段被发现，处理成本较小，但如果在测试环节被识别，修复成本将指数级增加。

业务快速扩张，需求会越来越多，如果每个版本都经历“缺陷修复，发版，重新测试”这样的过程，甚至不止一轮这样的过程，在测试人力有限的前提下，就会造成需求或版本积压。反思整个流程，我们从 2017 年开始重点完成了测试工作前置的落地，通过缺陷预防能力的建设，实现在上游的质量内建。

（2）背景切入点

缺陷预防能力建设的切入点，也就是交付过程中我们所面临的一些主要问题，包含以下 5 个方面：

1）研发团队对自身交付提测产物的质量关注不足，提测行为不负责。例如，研发团队不自测就直接交付给测试团队进行测试，在这样的情况下，测试团队仅通过常规正常功能测试流程就能发现较多的低级缺陷、严重缺陷，会花费更多的时间在低级问题、阻碍型问题的反馈、跟踪处理上，而无法挖掘更深层次的缺陷。

2）重视服务端需求交付，但缺乏对服务端研发设计细节的交接和传递，增加了测试获取未知内容的成本。为了获知更多未知内容以实现全面测试评估，测试团队需要找研发团队进行多轮沟通来获取相关实现信息，这对彼此都是一种打断和消耗。如果有些未知实现内容未获取到，未来还会成为一个线上问题的质量风险点。

3）在研发团队已开始关注自测交付质量的情况下，面对大需求或大版本交付时，他们的自测交付质量会无法令人满足，到测试时还是会发现很多缺陷，大而全及整体的复杂度会让研发团队难以兼顾需求整体。

4）刚才提到缺陷是研测阶段最重要的产物，缺陷修复完成之前大家都相对重视，因为缺陷会影响到上线交付，但当缺陷解决、验证关闭之后，大家很容易忽视缺陷带来的反哺价值，对缺陷修复的细节草草了事，导致后期类似的问题不断冒出，不见改善。

5）随着研发交付质量的提升，整体质量的问题会发生一定的转移，此时研测开始关注更上游的交付质量。为了改善更上游的交付质量，需要研测共同解决闭环机制的问题。

（3）实践要点

为了解决以上这些问题，我们主要从以下 5 个要点进行实践落地。

版本质量度量体系，让质量成为研发的"紧箍咒"

质量是研发交付的必要特性，不能任意妄为。版本质量度量体系的建立必须得到研发主管的支持和认同，因为度量会影响研发成员的绩效和质量口碑。版本质量度量体系的建立实践步骤如下所示。

- 共识度量标准：不同的方向和不同的交付研发模式，其度量标准有一定的差异，如前端、服务端的缺陷密度是不一样的，不能一刀切，需要结合实际来制定。具体的，我们先建立了基准度量指导标准，然后根据各方向自身需要进行定制，以加分激励为主。通过度量标准的建立，版本质量具有了可视性，不再是仅有的缺陷感知。
- 研发绩效激励：有了单个版本的度量，就能得出每个人每月的综合度量，此时自然会有"高个子"和"矮个子"。"矮个子"会有要提高自身质量交付水平的压力，"高个子"也会继续努力，不断突破。我们会把每月度量结果汇总，并在团队内公示。把相关质量加分变现为研发绩效加分，让那些质量加分明显的同学能够获得绩效优势，营造研发内部质量内建的风尚。把抽象的质量意识转化为实在的可触摸的绩效，促进高质量版本的诞生，从而达到预防缺陷的目的。

- 弹性提高标准：随着度量体系的落地，研发的质量交付水平有所提高。基于这样的情况，我们需要阶段性地审视度量标准，适时地优化和提高。

这套体系最初落地时，我们曾做过一个统计，从版本提测到最终上线，减少了30%的时间周期，也就是原来3天的测试周期缩减到了2天。度量的最终目的不是考核，而是为了引导研发团队建立良好的交付习惯，对自身的交付质量负责任，促使研发人员建立基础的测试思维。整个度量体系也是在不断演进的，需要在过程中持续不断地精益改进，例如可以考虑半年审视一次，进行必要的调整。

版本交付测试规范，增强研测交付顺畅度

建立规范前，首先要解决概念性的理解偏差问题。有这样一种说法，“工作的软件高于详尽的文档”，于是有人觉得我们不再需要文档了，或者说为了强调速度快，我们可以舍弃文档的建设了。但是，没有必要的文档，我们就会面临着低效沟通、低效交付、高风险的问题，长久来看还会影响到团队的业务能力传承。因此，为了提高研测交付的顺畅度，我们主要推进了两个交付材料的规范化，分别为设计材料说明的规范化和版本发布构建的规范化。

- 设计材料说明规范化：通过设计材料说明的规范化和提前交付规则，帮助测试团队提前获知研发设计实现细节，提前进行测试准备。这些内容的提前获取一方面可以帮助测试团队在准备过程识别到风险和漏洞，及时、快速反馈，避免将风险遗漏到测试环节；另一方面可以有效减少测试环节未知信息阻碍型因素，使测试工作的推进更加顺利，整体测试工作更加主动。设计材料的颗粒度以及结构可通过传递优秀的案例进行引导。设计材料不是文字越多越好，而是越易懂越好。我们曾统计一组数据，通过设计材料说明规范化，测试人员掌握、理解整体需求的时间可以缩减50%。
- 版本发布构建的规范化：这个规范化来源于一次现网故障，研发人员因在代码中增加了一行与交付功能完全无关的测试代码，且没有任何构建说明，基于功能范围评估也无法测试到，问题就引入了现网。因此，针对版本发布构建，研测双方进行了强化规范，形成了更有效的发版处理机制，对多人模式合作下的代码提交提出了规范要求，同时也对版本发布需要包含的内容进行了明确的引导规范说明，使整体交付说明更完整、更具体。减少构建报告不准确、不完整的问题隐患，比如说没有说明影响范围，内容有错写和漏写，甚至代码提交错误的情况。这次现网故障也额外加速了我们测试团队精准测试能力的落地。

通过这些规范化的文档建设，我们实现了交付环节信息的高度共享，不仅提高了研测交付顺畅度，还加速了测试准备过程。同时，我们也发现研发人员通过撰写这些材料，自身的交付质量也有所提高。撰写材料的同时也是对既有实现的总结、梳理与审视。

需求解耦版本切割，降低研发自测保障难度

通过需求解耦版本切割，可以降低研发自测保障难度，也可以更好地提升研测双方工作的灵活度。

- 问题原因认知：大而全的交付中，场景分支太多，存在考虑不周的情况。同时，大而全的交付一般也涉及多人联合开发，开发成员的自测保障通常聚焦于自身所做的功能，很难兼顾整体。功能混杂或需求合并不仅会导致版本迭代慢、项目周转不灵活，更容易滋生风险，一旦出现需求变更，会牵动整个版本的进度。此外，完成一个大而全的版本测试，首轮测试的测试反馈周期也比较长。
- 测试优势发挥：面对这样的情况，测试可以从自身职能中适当跳出来，充分调动测试团队对全局性业务的理解优势，帮助并引导产品人员放弃或减少那些覆盖用户密度小、使用频次低、使用强度弱的需求。理性面对需求，勇于对拆分不清的需求表达否定意见，并协同研发人员推进需求降解。需求降解之后，研发人力调度和整体交付会更加灵活。我们有时还需要考虑版本的切割引导，通过切割引导让测试团队的处理更加灵活，比如可以考虑把若干个小需求集合在一个版本进行提测，若交付的版本较大，可以评估能否进行过程划分，若可以，则将其分为多个版本提测。在满足业务需要的前提下，对如何发版、如何规划版本给予合理的评估意见参考。
- 小步快跑加速：通过需求的降解和版本大小的规划，加速小步快跑的交付。交付内容具有业务层面可测试性，即需求版本的合理划分，无论多小的交付，都必须能实现一个完整的业务场景。

缺陷点数是我们业务上建立的概念，是缺陷影响程度的加权求和。缺陷点数＝缺陷加权求和＝致命缺陷×10＋严重缺陷×5＋一般缺陷×3＋细微缺陷×1，点数越大，说明该方向在研发阶段产生的缺陷影响越大。如图 3-1 所示是某业务方向版本数和缺陷点数的数据，可以看到，6 月份版本切割后，交付频次增加，版本迭代由每周 1 次上升到每周 2、3 次，与此同时缺陷点数在明显下降，这说明我们的研发交付质量在持续上升。

合理的解耦切割粒度，不仅能够提升编码实现和测试反馈的效率，更能有效地减少缺陷。当整个交付团队形成默契之后，需求解耦、版本切割就很自然地实施了，之后测试团队能参与的也就不多了。

程是满足不了需要的，我们必须新建需求类型来满足我们的解决方案导向要求，如精益化我们的价值流状态，新增我们期望的字段，去除不必要字段元素的干扰。完成需求类型的创建之后，就需要解决配置问题了。

关于需求的创建，我们实现了主要导向的定制，包括以下 9 点：

1）分类导向。我们在看板上能够看到需求的分类特征，包括常规演进的需求、产品规划的需求、紧急插入的需求、技术内部演进的需求等。我们通过看板，能够做到有效兼顾，解决需求对象多样性的部分挑战。

2）价值导向。我们实现了需求价值从源头的传递，解决了需求价值意图不明确和需求决策主观干扰大带来的挑战。

3）业务导向。我们能够实现对所有业务线的有效切分，在一定程度上解决需求池错综烦乱的问题。

4）来源导向。我们可以快速了解需求的来源方及来源人，有需要时可以快速、精准地找到对应的人。

5）描述导向。解决了需求描述只有 1 个，产研测共用面临的覆盖冲突性问题。

6）时间导向。需求方可以书写需求的期望上线时间，给需求管理排期的人员提供一些引导。

7）责任导向。明确此需求的产品负责人和开发负责人，这些信息可在精益看板上直接呈现。

8）模块导向。我们舍弃了原有的模块字段，直接采用 epic 代表我们需求所在的模块和重要演进。例如当一个需求颗粒度比较大时，可以创建 epic，并在 epic 下面创建多个需求跟踪演进。使用 epic 的最大好处是，它可以直接在看板上呈现，非常直观。

9）紧急导向。用于紧急需求创建时，传递紧急原因说明，并做了必填项要求。若不做必填项要求，可能会有很多不紧急的需求贸然采用这个流程。至于需求是否紧急，需求方要评估和同步给需求的参与者，在作用效果上类似价值量化。

关于需求的价值流状态定制，我们定制切分了如下状态。涉及产品团队参与的需求，其定制流程会包括 4 个阶段，分别为待评估阶段、产品设计阶段、待评审阶段、待开发阶段。当流程进入待开发阶段时，经办人变更为研发经办人。研发经办人实现开发状态的过渡，当进入待测试阶段时，经办人变更为测试经办人，后续的测试阶段一直到最终上线，都由测试人员负责。同时，过程中也存在一个独立的流转状态，即异常终止或打回，需求在任何阶段出现这种情况都可以直接操作。为了兼容更多的真实场景，需求价值流的状态流转支持跨状态流转，便于增强流转的整体灵活性和操作的便捷性。

价值流有两个需要变更经办人的阶段，在触发对应的状态控件时，会弹出对话框，能够便捷地切换经办人，同时也会支持采集此需求的人力投入数据。例如研发将需求交付给测试，若此时存在一些已知的遗留问题，研发团队可以直接填充，测试人员便能直接感知。

需求定制完成后，还需要进行看板的配置。

看板需要进行合理的切分，做到不同业务线需求的彼此隔离，形成所关注业务线的专属精益看板，为此我们需要采用过滤器。以我们某业务线的过滤器为例，业务线的需求最初分布在两个项目中，我们把两个项目中的某种需求作为关注对象，其他类型不在这里干扰显示，通过所属业务线字段来过滤该业务线专属需求。同时，整个项目的 epic 可能比较多，我们只期望展示与该业务线相关的 epic，所以对 epic 也进行了过滤，减少非此业务线的 epic 产生的干扰。

我们要对需求的价值流状态映射到看板的列中，一般情况下，一个状态最好只对应一个列。但是，由于 JIRA 页面在显示的列比较多的时候，需求卡片会产生挤压，导致可视化效果不是非常好。为此，我们进行了取舍，把某些状态列合并在精益看板的某一列一同显示。

完成以上两点，我们就可以实现所属业务线的需求任务状态的价值流动的可视化了。为了更好的可视化效果，例如我们想通过需求卡片获取更多的信息，或者点击需求卡片获取更多团队关注的内容，可以通过配置需求卡片标题下方的可显示字段，也可以通过任务详情视图选择定制需求的重要元素来实现。

这一套交付流程精益优化之后，我们前面提到的协同挑战就不再像之前一样困难了，需求管理和协同流转得到了明显改善，产研测间的协作也更顺畅、更高效了。

需求管理和协同流转的最终目的都是为了持续快速、高质量地交付。这是我们量化度量的效果数据如下所示，以解决方案落地的前后 5 个月的数据作为对比区间。在交付吞吐率方面，月均交付需求数由原来的 54 个增长至 93 个左右，增幅比例 73%；需求响应周期，就是一个需求从提出到交付所经历的时间周期，由原来的 29.4 日下降到 17.8 日，也就是说我们的响应能力提升了 39%。发布成熟能力，以构建交付成熟度来计算，提升了 121%，也就是我们因缺陷而产生的版本迭代缩减了，一次性交付能力提升了。质量方面，通过我们的度量机制，研发过程质量效果提升了 21%，同时因需求原因引入的缺陷也大幅下降，需求质量效果提升了 68%，这说明产品团队的交付质量也提升了。最后，在对外交付质量方面，精益看板很好地解决了协同的问题，落地之后没有再产生因内部协同问题而引入的线上问题。

案例总结

1）审视自身角色定位，适当打破职能局限，化被动为主动，以质量改进为己任，倒逼上游提高产物质量，实现质量内建。

2）内部组织赋能，测试技术升级，完善测试能力体系，提升版本交付的测试效率和反馈效果，完善交付闭环。

3）系统思考，推进产研测流程的整体审视和精益优化，解决团队协同流程痛点，赋能产研测更高效的协同。

04

| 04 | CHAPTER

去哪儿 App 持续交付之路

作者介绍

陈靖贤　去哪儿网工程效率工程师，负责 DevOps 的落地实施、持续交付流程的改进及工程效率平台的建设。2013 年加入去哪儿网，曾经在索尼移动通信、摩托罗拉做配置管理工作。从业十余年，一直深耕于配置管理和工程效率等相关领域，拥有丰富的持续集成、持续交付经验。

3. 移动 App 的列车式持续交付

去哪儿 App 采用的是二进制组件的集成方式，各个二进制组件分属于不同的业务线。为了各条业务线的高效协同，我们采用了列车式持续交付流程。

1）创建发版计划：每次发版前，由平台的发版负责方创建“列车时刻表”（发版计划）。如果发版负责方创建的发版计划不能满足业务线紧急需求的发布，业务线也可以根据自己的实际情况申请“专属车次”（临时版）。临时版审批通过后，会自动创建对应的临时版计划。

2）确认跟版组件版本：默认情况下，计划发版日的前一天，平台会自动生成发版表单，业务线可以在表单中指定对应组件的跟版版本。不做指定的，将采用组件 AppCode 中设置的默认跟版策略，即最新发布版本或当前线上版本。

3）发布集成验证包：发版日当天指定时间点，平台会自动锁定确认版本并自动生成待发布的集成验证包，然后将该验证包公布给所有业务线进行集成测试。

4）业务线验证及问题修复：业务线针对公布的集成验证包进行验证，针对发现问题的组件申请解锁并更新为修复版本，此处需注明解锁原因及影响范围，并周知所有业务线。

当所有组件修复完毕后，锁定组件，生成并公布新的集成验证包。

5）灰度验证与问题修复：灰度过程中，通过 APM 实时监控灰度测试情况。如有问题发生，相关人员将会收到告警；如发现严重问题，应立即停止灰度并进行修复。问题修复后，会根据情况决定是否进行多次灰度。

6）全量与渠道发布：对灰度问题进行修复验证后，将针对修复后的版本打正式发布包，经过各业务线确认后，进行站内全量发布，同时自动触发渠道，发布系统上渠道包。

7）线上监控及问题修复：通过 APM 对线上情况进行实时监控。对发生的问题，通过告警的方式通知相关业务线，业务线针对线上问题可以采用热修复或者紧急临时版的方式进行修复。

8）质量控制与总结优化：为了保证 App 发版集成的质量，鼓励业务线尽可能在业务线内组件持续交付过程中发现并修复问题，我们采用了积分管理的方式。对于发版集成过程中发现问题进行解锁修复的行为给予扣除积分的惩罚措施。我们会针对每个月的发版情况进行分析与总结，收集业务线的反馈，根据反馈对流程做出适当的调整和优化。

4. 建立需求、代码变更与版本的关联

为了更好地掌握组件交付过程中需求的持续集成情况，避免需求遗漏情况的发生，为

了更方便、快捷地定位问题、解决问题，我们经常需要知道需求与代码分支、需求与发布版本及代码与发布版本之间的关系。

去哪儿网针对每个需求的开发分支的命名是有规范要求的：每个开发分支需要以需求在 JIRA 中的 ID 为前缀或后缀，当开发分支推送到 Gitlab 服务器以后，会有 push 事件发送到 IC 消息中心。JIRA 将消费这条消息，通过解析分支中的 issue ID，将源码及分支与 JIRA 中的 issue 建立关联关系，并将源码及分支信息在对应的 issue 中进行展示，从而实现需求与代码变更的关联。

在持续交付平台上创建了发版计划后，计划的版本信息会被同步到 JIRA 中，业务线的 PM 会根据发版计划对跟版需求进行排期，在对应的 issue 中选择跟版的版本号，这样就实现了 issue 与发版版本的关联。

通过 issue ID，发版版本与变更的分支也建立了关联关系。在对应 AppCode 的详情页中，用户可以看到各计划版本下的跟版分支及分支的集成状态，包括已集成、未集成、集成后有更新几种。这样业务线就能很好地了解哪些分支完成了集成，哪些分支尚未集成。所有开发分支到集成分支的集成都是通过 merge request 的方式来完成的，平台通过解析 merge request 事件中的来源分支，获取集成的需求 issue ID 来建立发版版本与集成需求的关联关系。

案例总结

通过这个案例，我们可以更清楚地了解在软件开发过程中，流程、平台与人之间的关系。流程为人的行为提供准则，平台承载流程为人提供自动化工具，输出各种能力，人在使用工具的过程中，不断地总结、学习，持续完善流程与平台，从而持续不断地提高研发效能。

果也不同。第一组人由于对路况一无所知，越走情绪越低落，尚未到达终点，队伍就已经解散；第二组人因为知道路程，所以当他们情绪低落时，只要有人喊一句“快到了”，大家就又加快了步伐；第三组人因为目标明确，阶段可衡量，于是越走情绪越高涨，很快到达了终点，而且花费的时间远少于第二组人。

在项目上，我们不仅要拆解好目标，还要注意目标下各职能团队的子目标对总体目标的支撑。比如说我们 12 月份要上一个圣诞节的营销活动，确定了总的目标为活动的总参与人数、留存，拆解到产品团队就要保证对应的版本尽早发布，保证营销活动的 App 升级率达到 80%；技术团队的目标是要保证活动页面的稳定性，包括内存使用量、流畅度；市场团队也会有相关的目标，比如内容量、分发量等。要充分调动各方资源，进行多方配合，保障方案落地，充分挖掘项目的用户价值，让收益最大化。表 5-1 可以作为目标拆解的参考。

表 5-1 目标拆解的工作计划表

			10 月	11 月	12 月	1 月	2 月	3 月
公司目标	业务目标	月活						
		次日留存						
	产品目标	建立生态						
运营项目	项目一 @PM	目标						
		关键成果						
	项目二 @PM	目标						
		关键成果						
产品项目	项目一 @PM	目标						
		关键成果						
	项目二 @PM	目标						
		关键成果						
支撑部门	项目一 @PM	目标						
		关键成果						
	项目二 @PM	目标						
		关键成果						

2. 过程高效交付

（1）明确权、责、利

要做到高效交付，必须明确参与人员的权、责、利。我们把不同职能、不同角色、不同活动放置在一张宽表中，这样大家能明白在什么阶段，是谁对什么结果负责，应该协同的团队有哪些等。如图 5-2 所示，不同的区域代表不同的职能，而 PMO 的工作将会贯穿于链路的每一个环节。

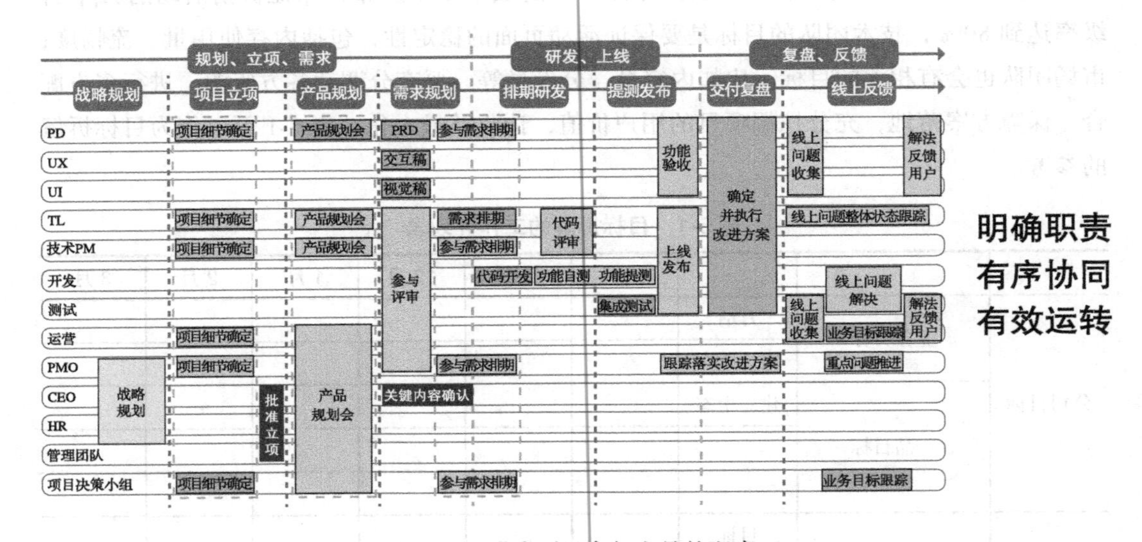

图 5-2　明确项目参与人员的职责

图 5-2 只是经过提炼的粗表，实际上在每个流程下还有更详细的流程和分工，比如提测发布的下面还会涉及 TC 评审、自测、冒烟、灰度、发布、线上监控和回滚机制等流程，其中不仅包括负责人，还包括规则等执行细则。关于流程，每个业务需要立足于自身的组织特点而设定不同的制度和机制，切勿完全照搬。

（2）班车机制

仅仅有规则还是不够的，还需要有节奏。业务要有业务节奏，项目要有项目节奏，这就像行进中的军队，在统一的号令下才能保障各兵种协同亮剑。基于同一个产品的发布，我们引入了班车机制，每周五做发布评审，下一个周三正式发布。一个产品由很多业务团队集成，点对点的发布沟通十分困难。在班车机制中，我们“到点发车”，每一个业务方和团队都能按照这种规律化的时间安排自己的业务节奏。

（3）过程透明与高效决策

让一切透明，让数据说话是业务和项目的执行中的不二法门。数据的透明，能让团队形成就事论事的沟通方法。除了电子看板，我们还有物理看板，通过两种看板的结合，既有仪式感，也能收集到过程数据。除了需求看板外，还有业务数据看板，业务数据看板会依据业务的实际情况，每周或者每天更新数据。以上的内容也可以使用电子看板来展现，但我们通常会配一台大屏电视来实现落地。

为了保障研发效率，站立式会议（以下简称站会）通常会选择在晚餐前开。这个时候，白天的各种信息可以进行收敛和同步，其后根据进展进行赶工，保障对下游的交付。在站会上，我们不强调每个人都讲，而是需要根据需求交付的最终状态的大节点来重点关注，比如风险中、阻塞中或者一个状态太久没移动的需求要被重点关注。对于协同性要求比较高的项目，我需要参加多个站会，此时我就会安排多个站会按顺序执行。日常的项目，我们也会通过 SoS 站会来关注进展和风险。

为了快速响应用户的问题，建立了需求快速决策机制、线上故障应急机制，为降低用户使用产品的门槛引入在线客服。客服背后有对应的日常值班小组，由各个职能团队的小伙伴轮值，这样既能帮助用户解决问题，又能走进用户，了解用户痛点。日常值班小组不仅解决了突发情况的快速响应问题，还能保证大家在工作上保持足够的专注力，避免被频繁地打断。

3. 做好组织保障

一个团队的是否高效取决于团队的人才优势是否足够，因此我们建立了员工能力模型，告诉大家我们需要到达什么样的“段位”，同时也是对外招人的衡量标准。只有志同道合，才能万众一心，当然，志同道合并不是说要让团队成员一模一样，人才是需要多元化的。

在氛围营造上我们需要仪式感，大部分的内容就地取材加以有意放大。某个项目的第一次预演会上，一个前端人员出现了多个低级的 Bug，每出现一次他都会说：“放心，我知道问题，今天搞定”。我抓住机会，把“知道问题”临场放大为“什么都知道”，不仅缓解了相关人员的压力，也让整个项目氛围变得更融洽。因此我要求，PMO 必须有团队建设的能力。

真正的胜利，是鼓舞心中的希望。把看起来无法达成的大目标拆解为一个个踮起脚尖可达成的阶段目标，随着一个个阶段目标的达成，大目标也在不知不觉间达成。通过大家的努力，一个个的不可能变为可能，大家都获得了成就感，证明了每一个人的价值。

目标达成后，我们不仅让马儿跑得欢，还要给马儿草吃，因此每个季度我们都会对拿到结果的优秀团队和优秀项目进行激励。激励会上还有一个保留的节目，即感谢身边同事的共同努力，大家拉拉手、揉揉肩，为结果买单，为过程鼓掌。

4. 三个“一”打通业务价值

通过一系列的活动和机制的运作，最终形成了阿里巴巴的文化——一张图、一场仗、一颗心。

“一张图”是指业务一张图。通过不断地跨团队的对齐和拉通，做到了业务目标朝战略对齐，团队和项目的需求朝业务目标对齐，开发任务和交付朝需求对齐，建立了目标分解树，做到了上下有效支撑，左右横向对齐。

“一场仗”是指行动一场仗。通过一系列的活动，比如业务规划会、需求排期会、站会、班车机制等形成统一指挥，围绕核心业务目标，做到业务快速调整，人力部署快速响应，在过程中建立了节奏感。

“一颗心”是指团队一颗心。通过生产关系梳理和组织过程结构优化，从分散的团队到弱矩阵再到虚拟的特性团队，组织上充分授权，通过透明化的协作、和一系列大大小小的战役建立友情，凝聚了整个业务团队的战斗力。

通过半年的努力，相比上一个半年，通过双周迭代和按需发布产品版本的发布频率降低到 10 天一次，提升了 220%，需求的 leadtime 也降低了 167%。在业务结果上，两个关键的指标增长超过预期，完成度达到 108%，而曾经没有人觉得这一目标能达成。

案例总结

在持续价值交付的路上，我对敏捷有了更多的理解。

1）个体和互动就是要打破职能边界、对齐目标、确保步调一致。互动可以让业务更清晰、更可执行，让过程更透明、更高效。

2）可工作的软件不仅要快速交付真实的用户价值，还要与客户协作，共建有价值的产品。在交付上，不只关注研发效能，也要关注交付的业务价值，两者相辅相成。

3）响应变化就是提供系统性的项目管理框架，帮助业务创新、试错。在项目管理的

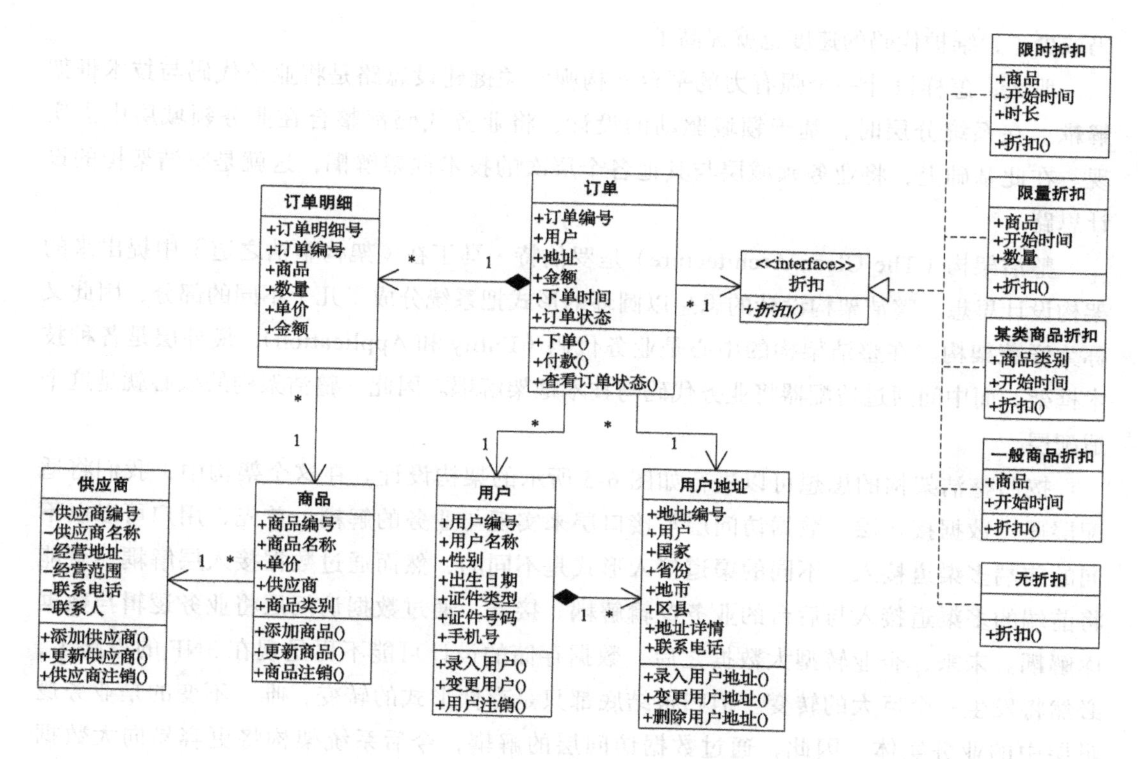

图 6-4 基于分析设计的业务模型

基于这样的设计，付款变更与折扣无关，折扣变更也与付款无关，那么变更范围就缩小了，设计质量就提高了。如果开发团队都能这样变更，那么日后的变更成本就会减小，快速交付将成为可能。同时，软件开发也可以进入一种良性循环，不断地维护下去。

3. 强有力的平台支撑

软件开发团队只是有了高质量的代码也不能实现快速交付，因为还需要平台架构的支撑。开发团队要提高交付速度，就需要降低代码编写量，但是每次开发都既要考虑业务逻辑，又要考虑技术实现，如何快得起来？因此，快速交付团队的内功修炼中一个重要的方面就是平台架构的修炼。如果有一个强有力的架构团队，将开发中需要使用的各种技术与设计，下沉到平台中封装起来，那么开发人员在开发功能时，技术门槛就将得到降低，开发人员就可以将更多的精力去思考与开发业务代码。这样在开发速度提高的同时，业务代码减少了，维护代码的速度也就提高了。

那么，怎样设计一个强有力的平台架构呢？关键建设思路是将业务代码与技术框架解耦。在系统分层时，基于领域驱动的设计，将业务代码都整合在业务领域层中去实现。在此基础上，将业务领域层与其他各个层次的技术框架解耦，这就是整洁架构的设计思路。

整洁架构（The Clean Architecture）是罗伯特·马丁在《架构整洁之道》中提出来的架构设计思想。整洁架构设计的思想以圆环的形式把系统分成了几个不同的部分，因此又称为洋葱架构。在整洁架构的中心是业务代码（Entity 和 Application），最外层是各种技术框架，而中间通过适配器将业务代码与技术框架解耦。因此，整洁架构的核心就是这个适配层。

按照整洁架构的思想可以进行如图 6-5 所示的架构设计。在这个架构中，我们将适配层通过数据接入层、数据访问层与接口层来实现与业务的解耦。首先，用户可以以不同的前端多渠道接入。不同的渠道接入形式是不同的，然而通过数据接入层解耦，就能将前端的多渠道接入与后台的业务逻辑解耦。接着，通过数据访问层将业务逻辑与数据库解耦。未来，企业转型大数据之后，数据存储的设计可能不再是现在 3NF 的思路了，必然将发生一个巨大的转变。但归根结底都只是存储形式的转变，唯一不变的是业务逻辑层中的业务实体。因此，通过数据访问层的解耦，今后系统架构将更容易向大数据转型。

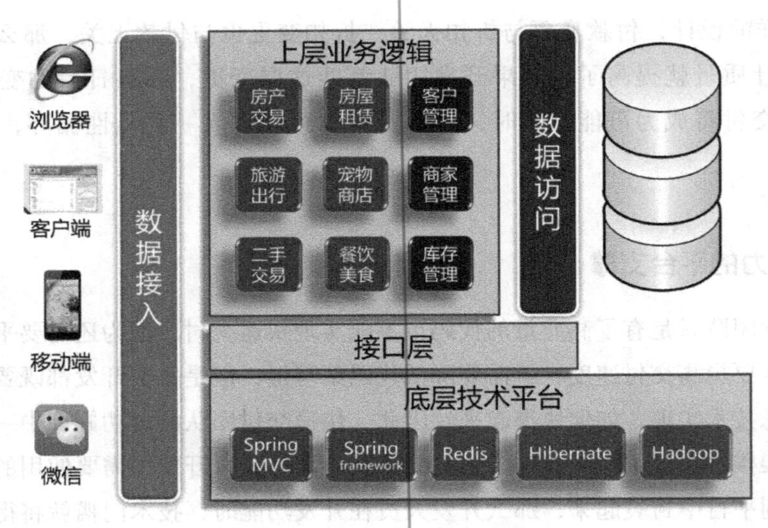

图 6-5　基于整洁架构设计的架构

最后，就是底层技术架构。现在我们谈架构，越来越多地都是在谈架构演化，也就是底层技术架构要不断地随着市场和技术更迭。但实际上，很多系统在技术架构更迭时却非常痛苦。这主要是由于软件在设计时，将太多业务代码与底层框架耦合，使得底层框架一旦变更，就将变更大量业务代码。既然问题是耦合，那么解决的思路就是解耦。在平台建设的过程中，除了通过技术选型将各种技术整合到系统中以外，还应通过封装，在其上建立接口层。通过接口层的封装，封装许多技术的实现，以更加简便的接口开放给业务开发人员。这样，平台既可以降低业务开发的技术门槛，让他们更加专注于业务，提高开发速度，又让业务代码与技术框架解耦。有了这种解耦，未来可以用更低的成本进行技术更迭，跟上这个快速变化的时代。

4. 自动化的运维平台

快速交付考验的是开发团队的每个环节，除了团队组织、软件开发、平台架构以外，发布与运维则是最后的“临门一脚”。前面的开发速度再快，没有最后的发布，软件不能送到用户手中，一切都是没有价值的。然而，在传统模式下，开发团队负责开发，运维团队负责发布，他们在交接时会耗费大量时间而不能快速发布出去。同时，传统的单体应用存在着集中发布的问题，转型微服务又存在着运维成本突增的问题。因此，为了更好地适应未来，面向互联网需要快速横向伸缩，以及业务快速迭代的特点，未来的运维将发生巨大的变革，朝着自动化运维与 DevOps 的方向发展。

DevOps 就是将开发（Development）与运维（Operations）相结合，即“谁构建谁运维（who build who run it）”的思想。这种思想认为，开发人员是最了解要运行的软件的，因此应当让开发人员去运维自己的软件。运维人员的职能将发生巨大的转变，由安装部署系统变为去运维一套自动化运维平台，协助开发人员更加方便地去运维他们的软件。

有了这样一套自动化运维平台，开发人员可以将自己的微服务代码上传到各自的 Git 代码库中，通过 Jenkins 进行持续集成，就可以自动形成 Docker 镜像。然后，开发人员在运维平台中定义自己的微服务运行需要多少节点、每个节点多少资源，就可以自动化部署到云端平台，对外提供服务了。在这个过程中，开发人员不再需要编写安装手册与运维人员交接，而是自己制作类似 Dockerfile 这样的脚本，放到自动化运维平台发布出去。发布的环节减少了，速度将大大提高。有了这样的运维平台，甚至可以将软件从提出需求到待办事项，再到发布至云端平台，进行软件研发全生命周期管理，帮助我们优化研发过程、改进交付过程。

案例总结

只有将软件研发过程中的每个环节都进行了优化和改进，加强团队内部的内功修炼，才能让我们的交付速度真正快起来，从而在激烈的市场竞争中获得优势。

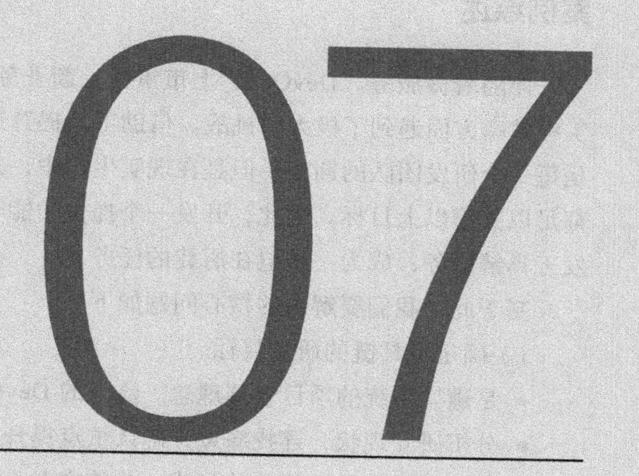

| 07 | CHAPTER

爱奇艺研发工具链实践

作者介绍

赵慰 爱奇艺基础架构部门容器云及工程效率负责人，全程参与爱奇艺私有 PaaS 和研发工具链建设。

案例综述

伴随着微服务、DevOps、上市审计、新业务孵化等浪潮的出现，爱奇艺研发团队在工程效率方面遇到了极大的挑战。借助工具提升迭代速度、保证研发质量、规范交付流程是每一个研发团队的期望，但是在现实生产中，并不是每个研发参与者对工具的了解程度都足以支撑以上目标。因此，开发一个提供功能丰富、便捷易用、适配私有基础架构的研发工具链服务，成为一项迫在眉睫的任务。

基于此，我们要解决的核心问题如下。

1）确定工具链的研发目标。

- 是遵循传统的项目管理理念、流行的DevOps，还是在工具层兼容。
- 分析研发现状，寻找痛点，确认重点提升方向。
- 确定提供工具链服务的形式，是纯方案，还是要用到实际的工具。

2）选择一套适合自己的工具链。

- 分解工具链的关键环节。
- 常见研发工具的分析与抉择。

3）如何完成研发与推广工具链。

- 研发路线如何确定。
- 具体任务的分解。
- 如何让工具链适配研发团队，真正发挥作用。

案例实施

1. 工具链的研发目标

（1）DevOps与工具链的关系

DevOps是如今最流行的研发流程管理理念，它本身没有描述具体的实现方法，仅仅是一种理念，我们可以找到基于这个理念的实践经验。从字面意思来讲，DevOps关注的是开发（Development）与运维（Operations）之间的协作，而从广义的角度去看，我们需要关注并尽力消除所有研发环节间的隔阂。和很多经典的管理理念一样，DevOps对参与者也有着自己独特而苛刻的要求，甚至会涉及大规模组织结构调整和职能角色的变更。在业务优先的研发体系中，严格遵照这套标准实施的难度显而易见。

虽然全盘落地 DevOps 山高路远，但从工具链的角度来看，我们可以从结果出发，吸纳它的优势，先行一步。DevOps 支撑了研发项目的工程性（流程规范、质量可靠）与效率性（快速、高频），其闭环之所以能够顺畅流转，主要得益于各环节之间的高效、精确对接，减少人为因素带来的不确定性与等待，主要包含：精确的研发状态描述（产品状态、需求状态、开发状态、测试状态、运行状态）和优秀的状态流转效率（流转速率、流转可靠性）。

因此，工具链有两个目标：将每个环节自动化与减少环节间不必要的人与人沟通。确定了目标之后，接下来我们就要从现状出发，将目标具象化。

（2）分析研发现状

在《极客与团队》一书中，前 Google 工程副总裁 Bill Coughran 留下一句至理名言："工程问题都很简单，人际关系才是最难的。"诚然，这句话中的"人际关系"并不是在描述研发流程中合作者之间的关系，但是今天用来描述这些也未尝不可。

许多公司可能面临着和我们同样的问题，项目参与人员越来越多，职责越分越细，效率却越来越低。其中有几个突出问题：

- 项目负责人或项目经理人工追踪流程状态，精力消耗大，错误率高，人际关系紧张。
- 职责边界不明确，常有跨环节沟通，互相无法理解的情况。
- 关键概念未对齐，各角色对整个流程的理解如同盲人摸象。

这些问题一旦引发故障，将会逐渐引发团队内部的互相不信任。这些负面因素日积月累，轻则导致每个人做任何关联到他人的事情时都需要反复确认，浪费大量时间，重则将团队割裂，脱离正轨。人为强调文化、强调流程只能降低错误率，若是能够通过工具保证流程，便可从根源上杜绝问题。

从对业务的直接影响来看，重要性或者错误代价依次为上线行为＞产品行为＞测试行为＞研发行为。但从自动化需求或对自动化接受的程度来看，排序却恰恰相反，即研发行为＞测试行为＞产品行为＞上线行为。显而易见，越重要的环节，策略越保守，这也为工具链不同模块的设计实现提出了不同的要求——优先保证方便易用或者优先保证精确严谨。

在业务优先的大原则下，让人去适应工具显然是不可行的。这就对工具链提出了更高的要求：如何在保证工具性能的前提下，让工具去适应每一个研发角色，去适应工程能力参差不齐的研发活动参与者。

（3）工具链的服务提供形式

目前市面上的 DevOps 工具数不胜数，几乎所有传统或新兴的研发工具都在向覆盖全流程的方向迅猛发展。在这样的环境中，工具链服务应该以怎样的面貌呈现在研发者面前，是一个非常有趣的问题。可以做布道者，将一个先进开源的工具交给业务线，让其自行解决，可以选择一个工具全盘托付，也可以按最佳实践找几个工具拼凑成一桌“满汉全席”，又或者尝试背起历史包袱负重前行。

结合公司研发体系的现状和历史积累，我们最终选择了一条遍布荆棘的道路——将开源和商业版的工具与自研工具结合起来，搭建一条覆盖产品研发全流程的工具链，并尽可能尊重开发者现有的使用习惯。以经典的 SWOT 方法分析，可以得出如下结论。

- 优势（Strength）：深度集成私有基础架构；深度集成私有项目规范；专业支持，共享资源；扩展性和成本优势。
- 劣势（Weakness）：脱离业务线，过于理想；难以完全支持每个工具的灵活性；容易偏离开源标准。
- 机会（Opportunity）：大量小项目缺少工具化流程管理；微服务拆分，项目孵化，迭代频率升高；IT 审计规范。
- 威胁（Threat）：迁移成本，存在自建的工具的可能；部分开发者厌恶严苛的流程；开发者期望过高导致的心理落差。

2. 工具链架构选型

前面提到，可供选择的研发工具灿若繁星，有的历史厚重、积淀深厚，如 Jenkins；有的英姿勃发、风头正劲，如 Docker。爱奇艺是如何选择的呢？

（1）工具链关键环节分解

如图 7-1 所示，我们将研发流程分解为如下状态节点和状态转换节点的合集。

这样拆分的原因很简单，这些都是研发数据实实在在的流动路线，也是工具唯一能理解的东西。工具和人的区别就如同硬件和软件，工具的优势是固定、精确，缺点也在于此，它不能理解自己在做什么。举个例子，工具无法理解我们所讲的“将需求 F 上线”是什么意思，因为这是人想象出来的，实际存在的过程是，需求 F 涉及代码库 R，因此对 R 来说需要有一个开发任务 T，开发完成后用来上线的是 R 的一个完整代码分支 B 构建出的产物 P，最终产物 P 上线，使得 T 的状态变更为上线完成，从而继续向上传递到 F 的状态变更中。

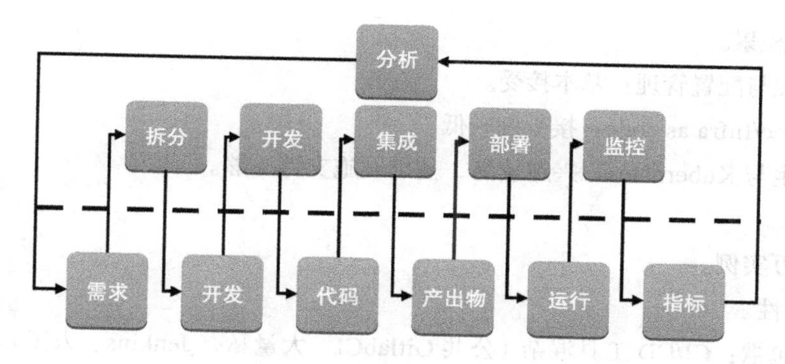

图 7-1 研发流程分解

需要强调的是，这里分解的是底层数据流转，绝非工具链服务整个产品对开发者应该展现的形态。产品层面还要做更多贴近使用场景的封装。

（2）工具分析与抉择

选择哪些工具通常取决于四个方面，按重要性排列依次为基础设施、知识积累、规模、兼容性。基础设施直接限定了工具的选择范围，而知识积累决定了其中哪些工具能发挥出最大的作用，这两项是必须考虑的因素，规模在可用性方面带来挑战，扩展能力差的工具不太适合大规模应用，而兼容性则更多与基础架构演化相关。

爱奇艺内部的研发工具链伴随着基础设施的演进，呈现出不同的形态，也逐渐覆盖了越来越多的环节。在这个过程中，我们也走过很多弯路，吸取了不同程度的教训。首先，在 2015 年我们过早地推进 Pipeline as code 模式，忽略了基础设施和研发团队知识积累的严重不足，错过了大规模协同 CI/CD 工具的机会。其次，我们过于集中于 Docker，但 Docker 实际只解决了最后一步的问题，反而由于 Docker 镜像的封闭性，导致本已杂乱的基础环境更加难以统一。最后是一个看起来无关痛痒但实际很严重的问题，各种依赖的公共仓库未统一，私服泛滥，包管理规则互相冲突，这直接导致后续统一构建环境、运行环境的工作寸步难行。

在进行最近一次工具选型时，我们从上述四个方面进行了考虑，为各个状态和状态转换过程挑选合适工具，其中涉及的主要因素如下所示。

1）基础设施。

- Gitlab 基本统一。
- 运行时管理混杂：PaaS 占 50%，IaaS（部分团队自研、人工）占 50%。
- 监控：公共监控报警拨测工具，少部分团队自研。

2）知识积累。

- 副本集与配置管理：基本接受。
- Pipeline/Infra as code：接受度较低。
- 云原生与 Kubernetes：兴趣较高，基础设施支持不够。

3）规模。

- 几十万实例。

4）兼容性。

- 历史包袱：CI/CD 工具混杂（公共 GitlabCI、大量私有 Jenkins、人工）。
- 未来发展：混合云、Kubernetes、云原生。

最终我们在诸多工具中选择了 Jira、Gitlab、JFrog Artifactory 和 Docker Registry，自研持续集成、交付、部署工具和 DevOps Dashboard，并集成在已有的 IaaS、PaaS、监控系统上。

3. 工具链研发与推广

（1）研发路线

基于上文所述的规划和研发过程中的痛点，我们制订了自下而上的研发路线。底层工具链包含两部分，一是从代码开发到产出物交付，二是上线与运行状态管理，二者由规范的产出物仓库衔接。上层以统一的 DevOps Dashboard 展示，将各个系统中的信息串联展示，再附加尚在规划中的产品流，组成一个完整的工具链，如图 7-2 所示。

每个工具在工具链中承担着不同的职责，在开发时便有着不同的侧重点。下面将一一做简要分析。

Gitlab 承担代码托管和 Code Review 功能。它是直接与一线开发者交互的窗口，也是整个开发层面的起点，Gitlab 的服务质量是整个研发系统的命门。由于 Gitlab 本身的架构扩展性有限，因此只能尽量从系统本身和诸多依赖的优化着手，此外，还要限制不规范的使用方法。另外，代码库也是每个互联网公司最重要的资产，代码数据安全是重中之重。在 Code Review 方面，相对 Gerrit 等系统，Gitlab 开源版提供的功能几乎可以忽略不计，需要进行一些二次开发。

公司内部使用的语言、工具种类繁多，产出物仓库在工具链中起着承上启下的关键作用，因此我们采购了商业软件 JFrog Artifactory 快速完成支持。这里我们只需要注意一点，管理规则一定要严格，绝不可向随意的包命名习惯妥协。

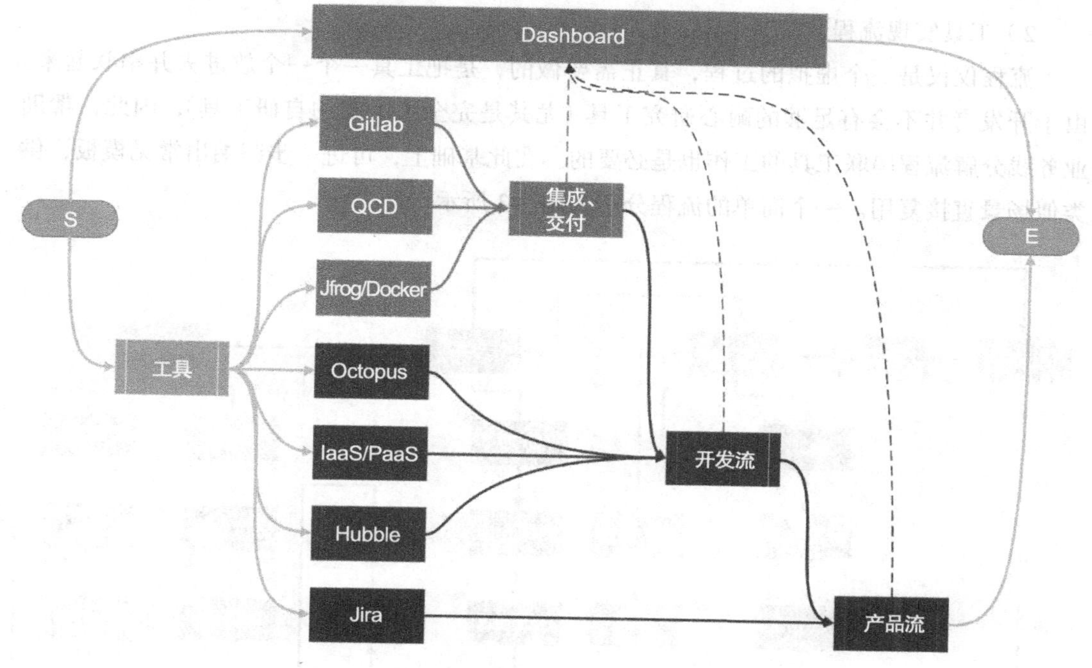

图 7-2 完整的工具链

对于 CI/CD 工具，最关键目标是易用，将用户从纷繁复杂的工具维护、语法学习、权限配置等工作中解放出来；其次是与内部系统完美集成；最后，要尽可能提升可用性。

我们基于 Jenkins Pipeline 研发了 QCD（iQIYI Continuous Delivery）作为持续集成交付工具。除此之外，还开发了一套插件化的流水线编排系统，支持用户自定义发布流程。其基本的任务类型包括构建、脚本执行、远程调用、上线审批、子流水线等。

（2）应用推广

1）解决痛点

时至今日，为自己参与的研发项目配置工具，仍然是一个颇具个人英雄主义色彩的行为。除非万不得已，大多数参与者都不愿意对已有的配置做哪怕一丝丝的改动。因此，我们需要做的是抓住业务线的核心痛点，给出一套完整的解决方案，而不是单独地推进某一个工具。

在爱奇艺内部，粗略地将项目分为大型项目（对外的业务系统等）和小型项目（内部系统、孵化项目等）两种类型。前者的痛点在于部署环境的管理和流程管理复杂，一旦出错影响很大；后者的问题在于人力不足，经常需要一个人维护多个服务，因此解放人力是第一位的需求。针对不同的项目，我们要寻找不同的切入点。

2）工具实现流程

流程仅仅是一个虚拟的过程，真正需要做的，是把工具一个一个放进去并串联起来。由于开发者并不会有足够的耐心研究工具（尤其是完全不了解的自研工具），因此，帮助业务线分解流程串联工具的工作也是必要的。在此基础上，可进一步归纳出常见模板，供类似场景直接复用。一个简单的流程分解如图7-3所示。

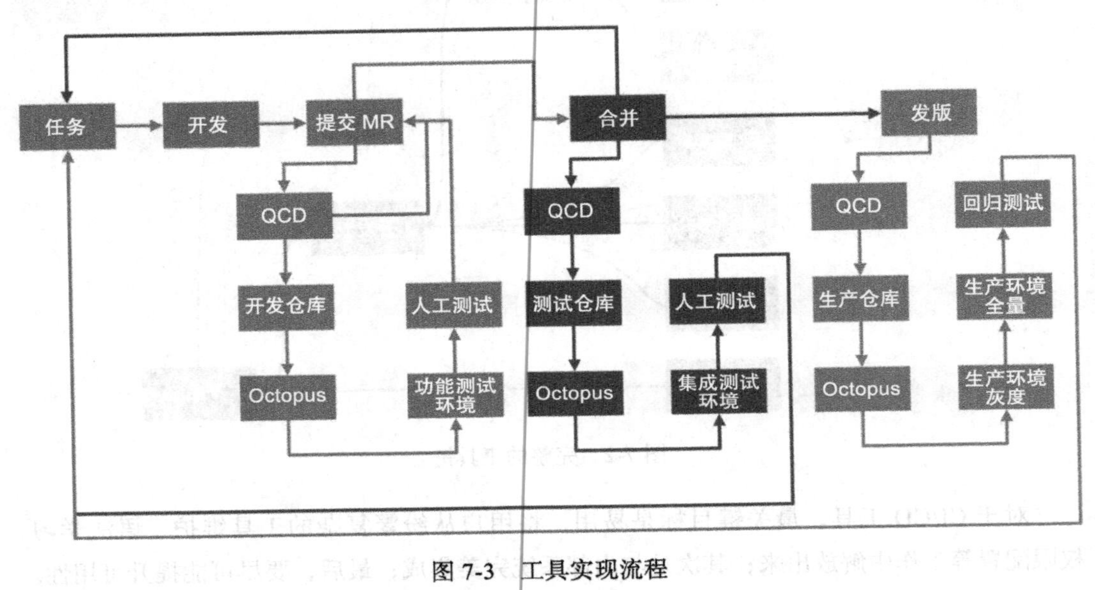

图7-3 工具实现流程

3）文档支持

文档很重要，但几乎没有人去看。这是一个残酷的事实。白皮书也很重要，可以拿来复用的成功案例和模板更加重要。

案例总结

1）兵马未动，粮草先行：基础工具不能因为没有明确的需求而一再推迟，实时关注最新进展，走在用户（业务团队）前面。

2）与基础架构相互促进：向开源标准、公有云标准靠拢，用社区的智慧减小维护成本。

（1）构建线上问题处理闭环

以前，大交通业务线上问题反馈的落地点主要是微信群，每天大约有将近 10 个问题，有咨询、核实类的，也有最后确认为线上故障的，这类反馈在群里的问题由专门的值班人员记录。随着时间的推移，业务越来越复杂，人员越来越多，这种方式带来了一系列问题：

- 反馈渠道分散，问题不聚焦，容易漏掉问题。
- 问题定位难，无效 Bug 多，影响修复效率。
- 无法及时监控解决过程，存在同样问题反复出现的风险。

针对以上的问题，大交通研发团队优化并完善了线上问题反馈和处理机制，此外通过 TAPD 落地，提升了解决问题的效率和质量。

标准化反馈流程

线上问题反馈的具体流程为，内部用户和外部客服人员反馈问题后，由运营、产品统一记录到 TAPD 中，然后值班的技术支持人员过滤问题，复现并确认是否为有效 Bug。如经确认是有效问题，则直接提交给相关的开发人员排查修复并评估影响面，遇重大问题则通知 Team Leader 关注；如初步确认为无效 Bug，则与问题反馈人进行核实验证。无论是何种类型的 Bug，都要求统一录入 TAPD 记录，直到问题关闭。最终处理结果将反馈至产品、运营和值班人员。

每周责任技术人员以周报的形式向上级同步线上问题处理情况，如此一来，问题的记录分布在了不同人员身上，专职记录人员不用再全天候盯微信群的聊天记录了，开发人员也可以根据自己的时间安排来处理问题并在 TAPD 中回复解决方案，不用即时回复群消息，化同步为异步，不仅大大解放了之前专职记录人员的时间，使其可投入更多精力到其他有价值的工作上，也有效提升了团队的协同，保证每一条问题都能及时得到记录、处理和反馈，提升解决问题的效率。

问题评级，影响范围较大的优先处理

在大交通线上，测试团队对可能出现的线上问题进行了统一梳理，并将问题类型及其产生的影响进行了相应的评级。在问题录入时初判问题的等级，不同级别的问题其解决的时效性不同。

一旦发现问题，按照优先级由高到低快速处理，最大程度缩小问题影响的范围，降低业务损失，同时使技术人员在解决线上问题的过程中可更加合理地规划时间，提升问题解决效率。具体的故障级别及解决时限见表 8-1。

表 8-1　故障级别与解决时限

预判故障级别	描　述	处理时限
S0	1. 可能或已经影响到用户账户、资金安全的问题 2. 引发模块主功能不可用的缺陷 3. 导致系统崩溃或程序无响应，致使程序无法正常运行，或对系统产生致命影响，如系统安全、系统性能、高频率崩溃等相关的缺陷	当天解决
S1	1. 会影响用户数据的安全类问题 2. 某个子模块功能完全不可用或者有条件性的 crash 3. 重要系统或功能的缺失或无效，严重影响用户的使用感受，或核心数据统计的正确性，系统异常缓慢，应用级别的安全问题	当天解决
S2	1. 其他安全类问题 2. 某个子功能不完善 3. 统计功能异常	2 个工作日内解决
S3	1. UI 展现异常或者交互不符合大部分用户的习惯 2. 子功能部分模块功能异常，违反通常用户使用习惯的易用性问题	5 个工作日内解决
S4	1. 从用户体验角度，需要改善的细微 Bug 2. 不影响常用业务流程的功能性问题、UI 问题或易用性建议	5 个工作日内解决

重大故障 Review 后行动项跟进，避免再次发生

对于优先级比较高的线上故障，问题排除后会紧急进行故障线下 Review，复现问题发生的时间线，明确问题产生的原因，并制定可执行的 Actions。

之前，在故障线下 Review 结束后，这些 Actions 不能得到有效监督，有时五、六天甚至更久，都没有往下落实。现在，每个 Action 都会通过 TAPD 建立任务作为行动项，根据不同的等级设置 Deadline，分配给专人执行。Team Leader 会定期跟进各个行动项的执行，提醒执行人及时处理，有效提高处理效率并避免类似的故障再次发生。

问题分类，提供改进方向参考数据

由于之前的问题记录呈现在维基上，格式比较松散，所以当回溯问题时，很难进行数据的统计和分析。在 TAPD 上，问题的记录有固定的格式和规范，这样我们就可以从不同的角度，对问题进行统计和分析。

对于已经解决的问题，结合规定时间内发布的数据和线上问题数据进行综合分析，得出结论，制定有针对性的改进措施，避免再次发生。

（2）研发自测质量提升

软件的质量是在整个研发过程中逐步形成的，离不开质量保证团队，但只靠质量保证团队关注肯定是不够的，开发也要增强自测的意识。另外，为了缩短研发交付周期，对于一些简单的日常和项目需求，我们采用了开发自测，产品验收后直接上线的模式。

“测试左移”“发现问题漏斗模型”等概念大家可能都听说过，但真正让“测试左移”落地并不容易。实行之初，测试团队经常会碰到开发自测后的提测需求有时连冒烟用例都无法通过，只能把程序打回。这样既影响交付，还造成了开发和测试团队间的关系紧张。

后来，测试人员把研发自测用例都导入到TAPD用例中，创建研发自测执行计划，开发人员连调后运行自测用例并在TAPD上标注结果，提测时测试人员会首先在TAPD上检查自测用例的执行情况，全部通过后再接收测试。从2019年1月份开始，我们的部分重点项目加入了提测时show case、上线前统一开会验收的环节，有效地降低了线下Bug个数，2019年第一季度的线下Bug比2018年第四季度下降了约25%，2019年第二季度比第一季度下降了约15%。

3. 业务扩张期，需要更精细化的管理

经过一段时间的探索，我们对于未来一段时间内的业务模式和技术方向有了比较清晰的定位，队伍也逐渐壮大为初始团队的几倍。

之前我们一直是用TAPD的看板功能进行需求、任务和项目的迭代管理，但随着使用的深入，我们发现TAPD看板主要是针对团队轻量级协作的，但随着团队的壮大和职责的细化，能清晰地查看团队里每个成员当前的工作进度也很重要，此外，除了对需求进行管理以外，也需要对人员进行管理，而且管理的方式要更加场景化、精细化。

因此，我们将看板的使用方式调整为对团队事务的管理，将对整体研发流程和项目质量的管理转为使用迭代功能，团队人员之间的工作安排和进度管理使用甘特图功能，这样不同的项目和团队都可以灵活地根据自己的场景和需求添加字段来满足自己的管理需求，比如添加的字段包括业务线、需求来源、价值模型、优先级、项目角色、关键时间节点、线上故障级别、人均有效Bug数、需求变更次数等。

每次需求PK前都会新建两个迭代，即双周的日常迭代和四周的项目迭代，PK通过的需求会进行相应的迭代，我们把项目需求拆解成任务，全部任务完成则更新状态为已上线。改用迭代后我们的月平均产出项目比看板阶段提升了约25%。

使用TAPD甘特图后，在需求PK时可以查看个人名下的需求，领导也可以随时查看下属的任务和任务完成情况。

此外，随着跨团队、跨部门的工作越来越多，我们也非常重视对全员项目流程管理意识的培养。大交通技术团队目前没有专职项目经理，所有项目的项目经理均为产品或技术兼职。为了保障所有日常和项目均能如期甚至提前完成、更好地让项目流程落地以及优化

项目流程，由两名技术人员兼任 PMO，针对项目流程中的问题为研发和产品人员进行分享和培训，提升研发人员的项目管理能力和产品人员的流程意识。

制定规范的项目流程并落地，每个环节负责人都高质量地交付给下一个环节的负责人，是实现项目持续集成和持续交付的基础。

4. 未来，持续探索敏捷与 DevOps 的整合之道

大交通团队经过一年多的摸索，在研发流程管理上积累了一定的实践经验，但我们才刚刚启程。

随着业务系统越来越复杂，对测试人员和质量体系的要求也会越来越高，我们需要持续探索敏捷研发和 DevOps 的整合之道，使开发、运维和质量管理实现真正的一体化。

近期，我们的 PMO 团队设计了基于 TAPD API 的初版 PMO 系统，目前主要用于统计产出和延期率，目的是给各 Teamleader 提供一些数据展示和分析，比如一个迭代究竟接多少项目需求、多少日常需求才是合理的，我们会计算已完成项目和日常的平均人日，每个迭代的项目和日常个数以及到期完成情况，供各 Teamleader 作为参考。此系统目前还不完善，我们也在逐步优化中。

另外，我们还会将 TAPD 和大交通内部 DevOps 平台打通，实现业务、开发、运维、质保的全流程自动化。

案例总结

要分析业务和团队在不同阶段的特点、目标和挑战，不断提升项目管理和质量思维，完善流程，通过平台研发、工具建设和应用，保证高质量的持续交付。

09

| 09 | CHAPTER

阿里 UC 研发效能提升案例

作者介绍

陈玩杰 就职于阿里 UC，负责阿里 UC 的移动监控体系建设。过去 7 年专注移动研发效能领域，曾负责 UC 浏览器等亿级日活移动端产品的代码管理工具、持续集成系统、研发流水线、项目协作平台的建设落地。

案例综述

从移动互联网诞生到今天，稳定性、性能一直是开发者面临的主要线上问题。阿里UC有多款App，拥有亿级的用户量，为打造极致的用户体验需要解决很多复杂而棘手的问题。App崩溃、卡顿、信息流滑动慢、视频卡等，都可能影响用户体验，导致用户流失。在移动App的快速迭代中，一旦发生线上故障，影响范围会非常大，且修复线上问题又有难度大、成本高的特点，这对App的稳定性和质量提出了更高的要求。移动Web、小程序等大前端的快速发展，对移动端的线上质量监控也带来不一样的挑战。

本案例将为大家分享阿里UC的移动应用线上监控体系建设，介绍如何通过建立核心的体验指标、实时线上监控、全链路的定位工具，并通过大数据分析的方式，打造端到端闭环监控，提升用户体验和研发效率。

通过本案例介绍的岳鹰全景监控平台，我们取得了以下的效果：

1）从平台指标和用户体验来看，我们解决了App稳定性的一些难题，把UC以及体系内的其他App的崩溃率长期保持在千分之一以下。

2）分析效率提升，从以往问题发现可能延时5～10分钟，业务高峰期可能更长，到现在分钟级别，并且提供了大量分析定位功能，大大提高了分析效率。

3）中台效应，岳鹰平台在内部复用于50+的App，包括UC、钉钉、支付宝、淘宝等头部App，技术基建的效果很明显。

案例实施

本案例将向大家介绍阿里UC岳鹰全景监控的实践过程。一个实时监控平台大致包括四个环节：日志采集上报、日志清洗提取、数据分析统计、数据展示。

1. SDK采集上报

SDK采集上报的核心，是要完整暴露App的线上质量问题，呈现真实的用户体验。

SDK采集上报有三个要点：第一，确定我们要监控什么，建立App质量指标体系；第二，数据采集得准、全；第三，除了常规的稳定性问题，还要深挖可能影响用户体验的稳定性问题。

（1）建立指标标准

在建立指标体系方面，岳鹰平台覆盖Android、iOS双端的核心质量指标。在我们做的业界调研里我们发现，用户遇到最多的问题就是崩溃、卡死（ANR）和大量的业务逻辑异常。通过这些细分的崩溃率指标，我们能够评估 APP 问题会影响多少用户、问题的严重性、解决问题的性价比，最终给 App 建立一个合理的质量指标基线。

（2）采集完整、详细的日志

在采集日志内容方面，从开发者的角度肯定是越完整、越详细越好。我们对 SDK 捕获的日志内容做了一些丰富，特别是一些针对性的日志信息，我们称之为场景化信息。

例如，在看小说、下载等场景，一般会有比较多的文件读写的逻辑，这种情况下是比较可能出现文件句柄泄露的问题，因此此时日志提供的文件句柄信息就是一个关键信息了。另外，在定位低端机型的 OOM 问题的时候，maps 信息会比较实用。实际使用过程中有非常多类似这样的场景化信息。

（3）Android ANR 的捕获

过去，常见的 ANR 日志收集方案都是通过读取系统生成的 traces 日志做到的。Android 系统每次发生 ANR 后，都会在 /data/anr/ 目录下面输出一个 traces.txt 文件，这个文件记录了发生问题进程的相关信息和线程的堆栈信息，通过这个文件我们就能分析出当前线程正在做什么操作。但是，谷歌在高版本（5.x）中已经把读取 trace 日志的权限回收了，为此我们的核心做法是在 SDK 层注册 signal catcher 来监听 SIGNAL_QUIT 事件，获取 ANR 信息。

（4）更全面的意外崩溃监控

SDK 只具备前面的能力还远远不够。我们曾通过岳鹰 SDK 做过一项统计，核心是在 App 启动时做一个状态标记，下次启动时检查 App 是正常退出还是崩溃。我们发现，意外崩溃大量存在，其中包括意外重启、退出、低内存等，这些都对用户体验有不小的影响。

2. 实时的分析链路

讲完 SDK 的采集，下一步就是把这些数据上报、利用起来。我们可以看到，从问题发生到采集上报再到数据展示，是一条比较长的链路，中间有很多环节，这里任何一个环节的效率问题都会影响我们发现问题的效率。所以，为了第一时间感知 App 上发生的问题，我们期望能够打造一条实时的分析链路。而且，从技术基座的价值去看，这个链路应该是可以复用的。

在打造实时的分析链路的时候，主要解决 3 个问题：

1）SDK 侧，需要解决设备侧、网络侧的复杂度，保证稳定实时上报；

2）平台侧，需要具备大数据统计分析的能力；

3）符号化，代码还原效率。

在 SDK 侧，一个相对完善的上报逻辑需要包括数据过滤、截断、采样、合并以及加密压缩等。特别需要注意，一个是提前创建句柄、内存的控制，另外就是上报机制要兼顾实时性和完整性。岳鹰的整体架构如图 9-1 所示。

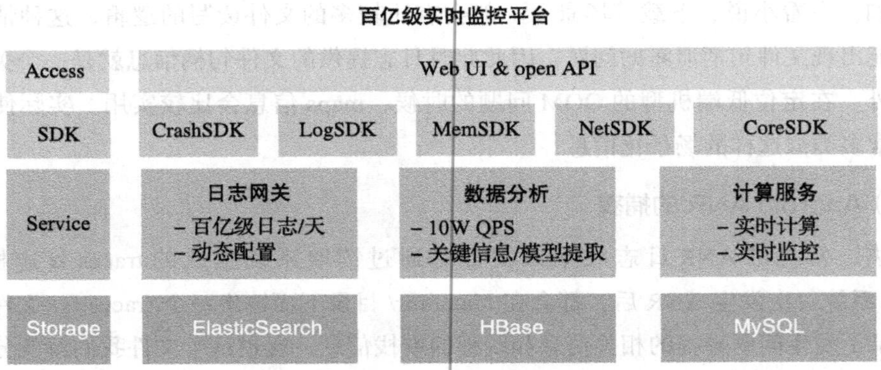

百亿级实时监控平台

Access | Web UI & open API

SDK | CrashSDK | LogSDK | MemSDK | NetSDK | CoreSDK

Service | 日志网关 – 百亿级日志/天 – 动态配置 | 数据分析 – 10W QPS – 关键信息/模型提取 | 计算服务 – 实时计算 – 实时监控

Storage | ElasticSearch | HBase | MySQL

图 9-1　岳鹰平台整体架构

3. 智能聚类

智能聚类，指的是对日志信息进行提取，包括崩溃堆栈、机型、版本等关键信息，这些对于用户快速分析规律，找到问题原因非常重要。

堆栈维度的聚类，核心是崩溃堆栈提取算法，我们要做到的效果是，把同一个崩溃问题的日志，都聚类到一起去。一个崩溃堆栈的主要信息分为两部分，分别是崩溃点的类、方法、行号，以及调用方法的类、方法、行号。由于版本迭代的影响，崩溃代码的行号是会经常变化的，因此带行号来做崩溃堆栈聚类会很分散。另外，同一个崩溃点可能是在不同调用入口出现崩溃的，这对于一些底层的工具框架分析不是很方便。

前面讲的是堆栈提取，那代码还原是怎么做的呢？主流的符号表都是百兆级别，而 UC 浏览器使用的内核机器符号表有几百 MB 大，部分游戏的符号表甚至超过 1GB，这给代码还原效率带来了很大的挑战。

常见的方案都是将符号化集中存储或分布式存储，存储成本比较高，安全性也一般。为了快速符号化，通常会把符号表放进缓存，这需要占用大量资源（一个几百 MB 的符号表放到内存里需要占用几十 GB）。

岳鹰平台通过分布式符号化与键值对进行加密存储，提高安全性，符号化效率提升10倍以上，还原成功率和准确率高达99.99%。

4. 多维分析

完成了数据分析之后，接下来平台要将结果呈现给开发者进行分析、使用。接下来我们从时间维度、代码分析、多维钻取三个角度来进行介绍，看看怎样通过这个分析模式，解决实际场景遇到的问题。

（1）第一时间发现问题

通过岳鹰的实时大盘，我们可以第一时间发现线上问题。岳鹰平台提供分钟、5分钟、小时、天级别的趋势数据。

在发现问题之后，接下来要做的就是找到导致指标波动的原因。这里我们按照影响用户的程度进行问题排序，可以一目了然地找到严重问题，逐个解决，而且问题排序上会展示近7天的趋势，便于观察整个平台的情况。

（2）代码分析，直切要害

在确定问题之后，接下来要做的是分析原因，最直接的方法就是看代码。岳鹰对C++场景的崩溃日志做了优化，支持C++行号的展示以及inline函数的符号化。

（3）趋势分析，找准问题

前面介绍的是一些需要紧急解决的问题，而实际上还有一些长尾问题。解决长尾问题，我们通过分析趋势，可以找到变化的时间点，并且通过对比找到影响因素，例如某次发版新功能引入崩溃，厂商发布新ROM带来兼容性问题等。

（4）多维钻取，分析共性问题

有些崩溃问题是在指定机型、系统版本下面才会出现的，因此平台还支持多维度钻取，分析共性问题。另外，平台也可以逐个选中维度，层层分析。

（5）岩鼠云真机，一键复现问题

在找到有共性问题的机型、ROM等之后，我们需要在对应的设备上重现问题，通过logcat、debug获取更详细的错误信息。Android机型非常多，iOS本地调试效率很低，因此我们使用岩鼠云真机平台，快速找到相应的机型，如图9-2所示。修复问题之后的回归验证，也可以通过真机平台进行。

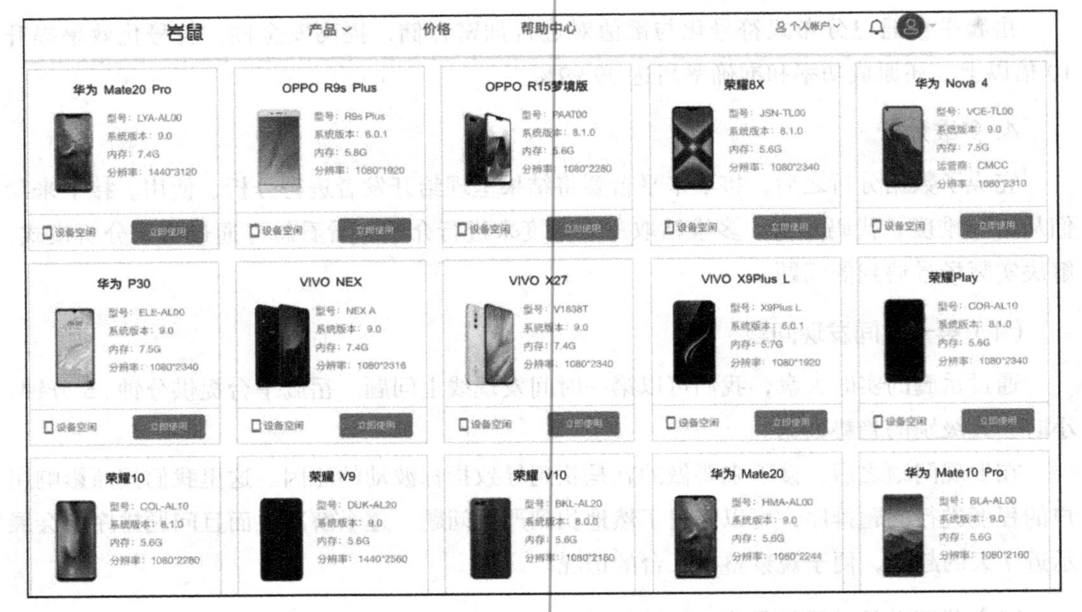

图 9-2　岩鼠云真机平台

（6）智能预警

前面介绍的分析过程基本都是靠人工的方式去发现问题的，经过一段时间的积累，我们开始思考，我们分析问题的经验能否沉淀下来，能否更自动、更高效地进行分析和预警？岳鹰平台在实际场景中有极速自动预警等功能，对比常见的预警模型，岳鹰全景监控还支持“自动通知新崩溃”“海外对不同国家设置不同规则”等特殊功能。

另外，我们发现大部分业务其实并没有配置预警规则的经验，我们将历史积累的预警案例，结合算法形成波动提醒，自动为业务设置预警规则，业务只需要点击一个按钮就可以享用自动预警能力。

（7）远程日志

在实践过程中我们还发现，有些线上问题是很难一次性解决的。一个是单点用户反馈问题，另一个是线上反复的问题。对于这两场景，我们提供“远程日志”功能帮助开发者获取更详细的日志和用户操作，解决缺少排查线索的痛点。

5. 闭环的监控分析链路

经过我们的实践打磨，岳鹰全景监控平台具备了实时的监控分析能力，并且增加远程日志、自动预警等能力，打造了一个闭环的监控分析链路。

案例总结

回顾整个案例，在我们进行 App 线上质量监控体系建设时，以下几个点至关重要：

1）平台化的建设思路，将通用的领域能力和经验沉淀成为产品能力，避免陷入"造工具""重复造轮子"的陷阱。

2）围绕用户体验找出问题痛点，关注解决问题的 ROI，建立核心的用户体验指标。

3）闭环、全链路的问题排查工具，帮你更高效地分析定位问题。

4）实时、大数据的分析能力，能让你的问题解决效率上一台阶。

10 CHAPTER

10

百度如何更快、更准发现内网故障

作者介绍

陈云 百度资深研发工程师。从事智能运维 AIOps 相关领域的工作，致力于用算法快速、智能地发现、定位故障，减少故障损失。前后参与负责了智能异常检测、程序发布智能检查、网络质量监控等项目，发表专利 10 余项。

案例背景

内网流量巨大、架构复杂、故障频发，对内网质量进行监控非常重要。由于网络设备监控无法满足运维工程师的需求（网络设备故障时，业务不一定受影响；网络设备正常时，网络拥塞可能影响业务），因此本案例采用了端到端的测量方法，并且进行了分层抽样探测。该抽样测量方法与业务感知一致，可以反映业务受到影响的网络故障，同时减少了测量任务本身的网络带宽开销。

得到测量数据之后，基于统计分析与机器学习，对整体数据进行分析，可精准网络故障。

案例实施

1. 测量任务生成

测量任务指的是机器对之间进行探测。小规模的网络架构中，可以两两机器相互探测，但当网络规模较大时，全量机器相互探测的网络开销将无法承担，需要进行抽样，选择一定数量的机器对进行探测。

百度采用分层抽样探测的方法，总共分为三层级，分别为 ToR 层级、Cluster 层级、Datacenter 层级。ToR 层级是相同的 Cluster 内部，两两 ToR 之间选择一定数量的机器进行探测，表征这两个 ToR 之间的网络连通性；Cluster 层级是相同的 Datacenter 内部，两两 Cluster 之间选择一定数量的机器进行探测，表征这两个 Cluster 之间的网络连通性；Datacenter 层级是两两 Datacenter 之间选择一定数量的机器进行探测，表征这两个 Datacenter 之间的网络连通性。另外，选择的探测机器应该均匀地覆盖所有的链路，如 Datacenter1（包含两个 Cluster：Cluster1 和 Cluster2）到 Datacenter2（包含两个 Cluster：Cluster3 和 Cluster4）的探测任务里，有 25% 的探测任务是 Cluster1 的机器探测 Cluster3 的机器，25% 的探测任务是 Cluster1 的机器探测 Cluster4 的机器，25% 的探测任务是 Cluster2 的机器探测 Cluster3 的机器，25% 的探测任务是 Cluster2 探测 Cluster4 的机器。这种抽样方法可以保证所有的网络设备和链路均有足够的样本来覆盖。

另外，为了保证测量结果的准确性，被选中的探测机器必须是存活的。并且，为了减少对其他在线业务造成资源挤占，选择的机器应该有比较充足的资源。

2. 测量数据采集

根据生成的探测任务，即探测机器对进行网络质量测量。可以利用不同的协议（ICMP、TCP），对不同的流量优先级队列的丢包情况、网络延迟进行测量，并得到测量数据。

3. 测量数据预处理

测量得到的原始测量数据如表 10-1 所示，表中每一行代表两个机器间的一次测量结果。如第一行是 Datacenter 层级的探测任务，用来表征 Datacenter1 到 Datacenter2 的连通性，由 IP1 去探测 IP2，探测结果为没有丢包。

表 10-1　原始测量结果样例

测量层级	探测源	探测目的	源 IP	目的 IP	是否丢包
Datacenter	Datacenter 1	Datacenter 2	IP 1	IP 2	否

根据网络架构枚举所有的标签以百度的网络架构为例，标签的名字集合是：SrcIp、SrcToR、SrcCluster、SrcDatacenter、DstIp、DstToR、DstCluster、DstDatacenter。标签的值由探测样本的源 IP 和目的 IP 确定。补齐标签后的数据如表 10-2 所示，代表这个测量数据是由 Datacenter1 下 Cluster1 下 ToR1 的 IP1 探测 Datacenter2 下的 Cluster2 下的 ToR2 的 IP2，探测结果是没有丢包。

表 10-2　测量数据标签补全

SrcIp	SrcToR	SrcCluster	SrcDatacenter	DstIp	DstToR	DstCluster	DstDatacenter	是否丢包
IP 1	IP 2	Cluster 1	Datacenter 1	IP 2	ToR 2	Cluster 2	Datacenter 2	否

给测量数据补全标签后，就形成了多维度数据，数据的维度就是标签的名字，维度的值就是标签的值，如下表 10-3 是对表 10-1 的测量结果进行预处理后得到的多维度数据。

表 10-3　多维度数据样例

维度组合	是否丢包
SrcIp=IP1&SrcToR=ToR1&SrcCluster=Cluster1 &SrcDatacenter=Datacenter1&DstIp=IP2&DstToR=ToR2 &DstCluster=Cluster2&DstDatacenter=Datacenter2	否

4. 测量数据分析

（1）基于多维度数据分析得到候选根因维度

候选根因维度具备以下两个特征：这个维度集中了大部分的丢包；细分维度的丢包情

况一致。多维度数据分析就是寻找同时满足这两个条件的维度集合。

简单的办法是为每个维度计算丢包贡献度（表征多少丢包集中在这个维度）和细分维度丢包一致度（表征细分维度丢包情况是否一致的程度），根据历史数据训练一个分类器，对候选的根因维度进行挑选。

高效分析方法是基于决策树，不断挑选维度对数据进行切分。如果利用某个维度对数据进行切分后，能够将丢包的测量数据区分出来，则代表这个维度切分是有效的。每次选择最能将丢包样本区分出来的维度进行切分，直到样本种不包含丢包样本或者用所有维度切分后，切分出来的两组样本种丢包情况一致，则结束切分。

（2）候选根因维度异常判断

统计候选根因维度的样本数 n，以及丢包样本数 x，根据二项式分布进行建模，判断当前的 x 是否足够大。若 x 足够大，则判断该候选根因维度为异常维度。

（3）异常维度合并

对筛选出的异常维度，进行简单合并，得到最后的故障范围，如异常维度为 Datacenter1 出方向异常、Datacenter1 入方向异常，则合并为 Datacenter1 出入方向异常。

5. 测量数据展示

利用机房连通性矩阵对内网连通性进行展示。每一行一列代表一个机房，非对角线的位置用来表示两个机房之间的连通性，对角线的位置代表机房内集群间的连通性，点击交点位置可以看到测量数据详情。

案例总结

1）测量数据直接决定后续的分析结果，因此需要根据目标来确定测量方法。

2）端到端测量结果可以反映业务感知，基于端到端测量的内网质量监控系统可以帮助运维工程师快速进行止损、定位。

3）分层抽样测量在保证所有链路均有足够样本覆盖的同时，可以减少系统网络开销。

4）选择探测的机器需要是健康的、有足够的资源，以确保探测数据的准确性。另外，当机器上资源不足时，需要停止该机器的探测任务，避免对其他在线业务造成资源挤占。

5）统计分析与机器学习相结合可以进行内网故障精准发现。

11 CHAPTER

既快又好，DevOps 为小红书全员质量保障赋能

作者介绍

任志超 小红书质量保证团队负责人，开源测试框架 Hydra 作者，小红书全链路压测框架作者。曾担任蘑菇街技术部项目管理和测试技术团队负责人，蘑菇街重点项目技术项目经理（包括蘑菇街 GDay、蘑菇街美丽说技术融合项目等），在蘑菇街主导开发了蘑菇街内部 PMO 平台、全链路压测平台、自动打点测试平台、质量管理平台等，对互联网电商质量保障和测试技术有比较深刻的认识和积累。

案例综述

为解决业务团队快速敏捷试错的需求，同时保障客户端迭代质量在较高的水平，小红书工程效率团队通过 DevOps 工具链为研发和业务团队赋能，一同进入 DevOps 质量闭环，驱动客户端既快又好迭代。

案例背景

小红书客户端从 2014 年 1.0 版本正式发布至今，一直按照班车模式，由一个团队负责所有发版相关事项。在业务初期，这种班车模式在产品需求相对简单的情况下很实用，但随着业务发展，小红书应用迭代逐渐遇到瓶颈。具体表现在以下几个方面。

（1）分支策略导致回归延期

2017 年小红书因为业务发展和人员增加，客户端团队开始启用 Feature Team 的闭环，原来一个统一的客户端团队，拆分为包含前端、后端、产品等在内的多个 Feature Team。这样做的初衷是加强业务闭环的快速迭代，但在当时客户端的 Gitflow 的分支策略下，每个 Feature Team 都有自己的 Feature 分支。当预期的 CC 节点到来时，大家都需要把代码合并到发布分支上，而因以前客户端代码相对耦合较多，合并过程产生大量的冲突。而解决这些冲突需要一个细心且对业务架构代码足够了解的人，这也导致了合并时间越来越长，质量风险越来越大。曾经有个版本，我们的一位资深 Android 程序员曾花费两天的时间解决合并过程中产生的冲突，而这样的合并也造成了在 Feature Team 分支上测试过的内容需要在发布分支上做更大范围的回归来保障冲突合并可能导致的质量风险。

（2）回归覆盖质量收敛太慢

在没有有效的自动化覆盖方法之前，小红书主要靠手工测试覆盖。随着 Feature Team 的增多，回归和功能覆盖的开销越来越大，完成一轮回归覆盖所需的人力从 2017 年初 4 个人・天快速增加到 10 个人・天。同时在小红书基因中，数据驱动是业务成功的基石，所以回归中我们也需要覆盖足够的打点测试，这就使班车周期中回归时间越来越无法保障，而业务对于迭代的诉求又越来越强，直接的后果就是大量问题被带到线上，或者因为重要的 Bug 太多导致发版延期，甚至无法发版。班车节奏从 2017 年年初的平均 2 周一个版本，慢慢变成年底的平均 3 周一个版本，甚至出现过原定 5 月发布的版本一直延期到

7 月的情况。

（3）手工提交和发版效率低下

传统意义上，测试完成打好 Release 包后，技术团队的工作就交给运营人员了。由于小红书在主流应用市场都有上架，意味着运营人员还需要有针对性地打出对应各应用市场的渠道包，并手工上传和提审。这个过程涉及大量手动打包的操作，常常会因为传错渠道包，或者打错渠道包导致部分应用市场的包有问题，影响拉新和推送效果，而手工操作的低效又会进一步降低从需求到市场的及时性。在 2018 年前，平均在每个版本 RC 后，需要将近两天时间才能将版本全量更新到各个应用市场。而因为缺少有效的灰度手段，一旦出问题，只能重新打 Hotfix 上传，曾经有一个版本在发布后经历了 3 次 Hotfix。

上述 3 个痛点直接影响了小红书业务的快速迭代，也让 Feature Team 的客户端开发、测试、产品、运营都很低效。在这样的背景下，作为测试团队下的工程效率团队，我们期待通过和各方一起共建 DevOps 质量闭环平台和工具链的方法，让整个小红书在 2018 年年末、2019 年年初开始摆脱束缚，快速迭代。

案例实施

1. 建立共识

在确定开展变革前，我参考了以前在不同公司落地工具平台的经验，深刻感受到，如果希望 DevOps 工具链能够达到预期的结果，各个业务方（开发、测试、产品、运营）的共识是非常重要而且必需的，特别是工具平台会约束流程和改变大家的工作方式的情况下。如果大家没有共识，贸然推广一个平台和流程，在某些公司也许可以通过自上而下的强力要求而落地，但是在小红书的企业文化中，我们坚信目标一致、队形灵活，所以除非大家非常认同新的工具、技术或流程，否则是很难在团队内部强行推广的。

认识到这一点后，我们通过各种公开和私下的沟通交流，让大家对于当前的痛点有了共识：让开发意识到自己每次合并是很低效的，让产品意识到现在的合作和流程已经影响到了业务的正常迭代，为了加快业务而塞入需求往往正是拖慢迭代进度的导火索。

大家意识到痛点后，我们也没有采取强推的方式，而是通过合建，让开发和测试都加入新的平台和流程的设计中，避免了闭门造车，也从第一时间就确保我们开发的工具链是能满足大家的要求的。

建立共识还意味着信息的同步和沟通会在跨团队层面进行，基于合建的诉求，我们在项目初期就通过站会、日报等方式，让各个业务方了解项目进展，同时也及时收集大家对新的工作方式的预期和需求，及时合理调整落地的节奏。这些技术外的工作有效地保障了最终方案的成功落地。

2. 建立打包流水线

为了将大家从旧的工作模式中解脱出来，我们选择了 CI Pipeline 作为我们的突破口。对于开发来说，打包是当时最大的痛点，在千辛万苦合并完代码后，需要在本机上花费将近 30 分钟打出给测试的回归包，如果有 Bug，来回两次，半天的时间可能就浪费掉了。此外，因为打包而导致的代码遗漏经常会影响测试覆盖。

为了降低打包的复杂度，我们尝试过使用组件化的方法，可是组件化方法中解耦的好坏直接影响了组件化本身的效果，考虑到北京、上海分布式团队互相依赖的现实，经常出现组件版本互相依赖的不一致而导致冲突，这直接影响了合并和打包的进度。所以在组件化半年后，我们结合分支策略的变化又逐步回归到 Mono Repo 的方式。第三方依赖也通过依赖锁定的方式，保证版本在打包过程中的一致性。

谈到分支策略，对于开发团队来说，最大的变化是从 Gitflow 转向 Mono Repo，而这恰恰意味着大家需要及时将自己的改动保存到开发分支上去。这种工作模式最大的难点是如何在最短的时间内反馈提交代码的质量。为此我们和开发团队一起合作，将开发的打包工具从 Gradle 迁移到 Buck，同时将构建过程中的质量工具（Lint 单元测试、Sonarqube 代码扫描）统一纳入打包平台。从开发提交代码开始，10 分钟内他能够在平台上看到该版本代码的质量以及打包结果。

3. 将 CI 打包和 CIT 自动测试统一在平台

光有代码质量和单元测试也许仍不够，为此，在 2019 年上半年，我们基于 ATX Server 的开源框架实现了将 Appium 无线并发在多台手机上执行 HydraUI 自动化测试用例的能力。通过测试团队的努力，大部分 P0 用例被完美实现并同时运行于小红书自己的测试手机云上。通过 20 台物理手机的同时并行，打出来的测试包在 10 分钟内可以完成主链路的 P0 回归，并同时覆盖对应的打点数据校验。最终结果以红灯或者绿灯展示。

开发提交代码后，20 分钟内即可得到该代码是否可以进入回归流程的指示灯。

有了从 CI 到 CIT 的链路，对于开发和测试来说，代码质量在最短的时间内得到了反馈，这样也让开发放心将代码更频繁的提交到分支中来，而不需要等到 CC 的节点再去合并。

4. 自动 CC

既然大家能够以最小的粒度持续更新分支代码，那就意味着 CC 的节点可以由平台来自动完成和控制。

通过了多个不同的策略，最终我们选择了在周日夜里，平台会自动选择最近一个绿灯版本，来进行自动的 CC，即创建发布分支。

有了自动 CC 后，版本发布前的需求也就能自动被透明出来。测试人员在周一开始基于稳定的发布分支进行回归。考虑前面 P0 的自动化覆盖，回归的效率和有效性被大大提升。所有的 Bug 在开发提交修复后，平台会自动更新到目前的开发和发布分支上，保证修复代码在各个并行开发分支中的一致性。

5. 测试完成只是开始，灰度和渠道分发

按照旧的工作方式，当回归过程中所有 Bug 被清空后，开发会打出各种渠道包，交由运营手工上传到各个应用市场。

在新的合作模式中，大家考虑到最终的业务价值，进一步优化了灰度和渠道策略。首先，我们将灰度平台和渠道包上传接入统一的 DevOps 工具链中，这意味着当测试完成后，渠道包会自动创建并上传到有相关接口的应用市场中。同时，灰度策略在平台中会自动开始。运营、开发和测试人员会及时看到该版本的灰度比例、灰度的相关在线质量数据（包括 Crash、打点数据）。基于这些数据，各环节人员可以在真正全量前及时修复可能出现的问题。

而当确认数据正常后，可以一键全量发布。在全链路工具的保障下，正常版本的迭代周期从 2018 年的 3 周一个版本，缩短为 1 周一个版本，Hotfix 的最短发布时间从半天缩短到 20 分钟（包括打包和 P0 回归）。这些变化有效地支持了社区业务的快速发展，也通过这些变化，2018 年 Android 留存常年低于 iOS 的窘境逐渐好转，截止到 2019 年年底，

小红书 Android 日活占比超过 6 成。

6. 整个闭环建立在 ChatOps 机制上

在 DevOps 推广的初期，我们认为平台成功的基石是信息的透明和同步，因为单纯的业务平台无法让大家有沉浸式的体验，而如果缺少透明和同步的手段，一般的开发和测试人员无法第一时间想到要使用工具和平台。

为了解决通知和信息透明的问题，整个平台在实现的第一天就和内部通讯工具（企业微信）打通。所有的流程节点和质量反馈数据，平台都会通过企业微信实时推送相关信息给对应的开发、测试人员，这样的推送保障了开发和测试能及时感知当前的主要基线，同时推送的信息中也包含了大家可以直接点击的主要功能。这样的 ChatOps 让大家可以在不切换工作场景的情况下完成打包或者测试工作。

对于 CC 后的回归需求，群里定时的 Bug 列表变相激发了开发的竞争意识。平台会在群里推送当前版本遗留 Bug 的排名，有效推动了开发人员修复 Bug 的主动性。

灰度 Crash 基线的推送消息，对于灰度问题的及时修复起到了推动的效果。

这样的 ChatOps 机制，大大提升了平台的价值和使用率，也让各个团队无形中形成了对于平台的依赖和信任。每个人只需关心自己最核心的任务，无形中也提升了团队的整体工作效率。

7. 技术运营

小红书 CTO 山丘曾说过：“对于互联网公司来说，技术团队也应该像运营一个业务一样，做好技术的运营工作。”对于 DevOps 工具链来说，技术运营不是一个术语而是实实在在地在小红书实施落地的案例。技术运营意味着平台和服务通过不断的迭代和调整，由大家一起贡献到业务价值的提升中，而不是简单地将其看作一个工具或者平台，使用其完成发布就结束。一个工具或平台的发布只是技术运营的开始，不断了解用户的诉求，调整运营、开发策略，结合用户的流程和痛点提供瑞士军刀般的服务才是真正让工具或平台产生价值并被认可的手段。

案例总结

1）工程效率以支持业务发展为自己最终目标。

2）团队共识是 DevOps 成功落地的基石。

3）小步迭代，注重反馈，以数据为中心来确定工具改进方向。技术要有运营的心态。

4）逐步降低人为因素在迭代闭环中的影响，通过技术提升效率。

5）通过工具弱化流程，全员参与质量保障。质量不是靠测试保障的，只有大家都能介入到质量闭环中，才能实现既快又好的质量保障。

12

| 12 | CHAPTER

埃森哲千人规模组织级 DevOps 改进

作者介绍

顾宇 埃森哲资深 DevOps 咨询师，微服务架构咨询师，软件工程师。敏捷、DevOps 和微服务的实践者。曾就职于 ThoughtWorks，期间参与或主导了不同行业的 DevOps 的演进和基于公有云的微服务架构转型。擅长敏捷软件开发、DevOps、微服务。中国 DevOps 和微服务架构早期的实践者和传播者，参与了《研发运营一体化能力成熟度模型》(DevOps 标准）和《分布式应用架构技术能力要求 第一部分：微服务平台》（微服务标准）的编写，从 2016 年开始在国内各种技术大会上分享 DevOps 和微服务相关话题。

案例背景

在 2018 年年底，我参与了一个大型产品团队的 DevOps 转型。这个产品的团队分为三个组织：产品业务部门（50 多人）、产品 IT 部门（250 多人）以及产品的外包团队（800 多人）。经过产品化和微服务拆分后，组织开始以独立业务的方向划分。但是，由于之前的组织划分，团队并没有成为一个全功能的团队，而是采用原先的交付模式，即业务部门提出需求，然后让 IT 部门开始设计解决方案，最后交给外包团队开发和测试，并且将测试团队和计算平台团队变成各子产品的公共资源。

在这样的组织里，每交付一个产品需要 8 周的时间，其中 2 周完成需求分析，2 周完成开发，2 周完成产品的集成测试，2 周完成用户验收测试，然后就进行发布。

然而，这个理想的计划并未得到实施。由于有些需求需要跨子产品，或者有时需求方案会变更和延迟，导致需求延迟完成，使得接下来的环节相继延迟。然而，最核心的问题是版本计划不能根据变化调整，必须按照计划上线需求。因此，缺乏足够开发时间导致的不合格的软件会堆到集成测试阶段，在用户验收测试阶段大量出现问题，Bug 的数量爆发式增长，用户满意度大幅下降。

案例实施

用户希望通过 DevOps 弥合组织间的沟通间隙，将质量工作前移，减少 Bug 数量并且缩短交付周期。在这个过程中，我总结了在 50 人以下的小型团队不会出现的关键问题以及对应的 9 个实践：1）采用外部 DevOps 顾问；2）组织内部达成一致的 DevOps 理解和目标；3）采用改进而非转型减少转型风险和反弹；4）采用试点团队和推广团队；5）构建全功能团队并合并流程；6）提升需求质量；7）实践不同级别的 TDD；8）构建“比学赶超”的组织氛围；9）规范化管理实践并不断优化。接下来我将进行详细介绍。

1. 聘用一个外部 DevOps 顾问

如果你管理的是一个小型团队，那么可以不聘用外部顾问。因为小型团队的组织结构不复杂，很多事情只要团队能自主决策就能推动 DevOps 发展。

但如果你管理的是一个大型组织，特别是在一个职能分工明确的组织向多个跨职能的全功能组织发展的时候，更多需要处理的是组织内部的复杂关系，重新切割和划分组织边界，此时组织内部就会出现矛盾。而 DevOps 顾问则是承接和转化矛盾的最理想人选。

那么，聘用一个外部 DevOps 顾问需要注意哪几点？

首先，一个外部 DevOps 顾问需要至少两个以上企业或者客户的转型经验，并且有自己的案例总结。因为不同企业的组织特点决定了不同的痛点和方法，一个有多个企业的 DevOps 转型经验的 DevOps 顾问会明白这些区别，否则，就会把自己过去的经验“复制”过来，以为 DevOps 只有一种，拒绝结合组织形态学习新的知识，最终导致效果和期望有很大差距。此外，转型是一门艺术，面对什么样的组织，采用什么样的话术和方法也是一门学问，这些细节也会影响 DevOps 转型的效果。

然后，DevOps 转型涉及管理提升和技术提升两个方面。DevOps 顾问除了要具备精益、敏捷的管理实践，还要具备自动化测试、自动化运维、持续交付等技术能力。管理实践和技术实践两者缺一不可，没有管理实践，技术实践往往会沦为“工具赌博”，导致很多买来的工具没有起到效果；没有技术实践，管理实践也无法通过自动化取得进展。技术实践和管理实践相辅相成，技术实践是落地管理实践的手段和工具，只有二者紧密结合，才能发挥出最好的效果。

最后，DevOps 顾问一定要和团队在一起实践，而非在一边“指挥”。有一些 DevOps 教练没有动手实践的经验，只是“知道”，而非“做到”，这会为转型埋下很大的隐患。任何一个实践的落地和见效需要投入精力和时间，“魔鬼”都藏在细节里，如果没有实践经验，就难以避开转型上的“暗礁”。

所以，在面试 DevOps 顾问的时候，不仅要问转型案例，还要特别关注他的管理实践与技术实践。在面试这些的内容时，不光要听他讲方法论，还要让他讲采用什么工具，如何落地，以及落地中间的困难点和关键点是什么。

为什么招聘一个 DevOps 专家转型效果不好？

招聘一个 DevOps 专家来做转型工作也不是不可以，但是不要对这种方式抱太高的期望。因为 DevOps 专家的工作也会受组织制度的制约，为了能够在组织生存下去，避免风险，他自然会避免矛盾的发生，而突破这些矛盾才是转型的关键。因此，聘用一个 DevOps 专家很难解决一些“顽疾”。

与此同时，很多专家往往会将自己的 DevOps 经验“复制”过来。介绍一个真实的案例，在我工作了四个月之后，客户招聘了一个资深的应用架构专家。这个应用架构专家只有一家企业的 DevOps 转型经验，因此他低估了 DevOps 转型在组织内部和各利益方之间的矛盾和挑战，导致自己在转型过程中“腹背受敌”。如果不继续推进，自己工作的绩效将受影响；如果继续做，又要面对同事之间的矛盾。这进而导致他接下来的 DevOps 改进举措也受到了影响。

除此之外，DevOps 顾问还要根据一套评估模型来对组织当前的状态进行评估，并给出改进建议。但是，无论多么成熟的模型，都难做到兼顾所有组织，所以评估模型大多都是定性的条目，即只能给出“是”或“否”的结论。比如，评估模型可以建议发布周期是以“月”计算，还是以“周”计算，但很难给出定量的结论，比如是三周好还是四周好。所以，如果你需要一些定量的改进建议，就需要进一步定制化地进行度量。

2. 建立 DevOps 共识

DevOps 是一个抽象的概念，缺少一个准确定义，因此每个人对 DevOps 的理解也各不相同。DevOps 运动刚兴起的时候，每个人都会纠结“DevOps 是什么”的问题，想找到一个正确的方向或者由自己来定义 DevOps。于是，涌现了大量的技术和实践。

随着 DevOps 运动的发展以及管理实践、技术实践的总结，DevOps 这个概念下已经产生的大量的内容。所以，现在做 DevOps 我们更关注“DevOps 能做什么”的问题。

在大型组织中，推广 DevOps 概念是一件比较困难的事情。一方面，DevOps 的发起人会有自己的诉求。另一方面，为了达到效果，中途要解决各种其他相关部门的问题。在以职能进行分工的组织内，大部分中层管理人员看到的是自己的利益点和关注点，并没有统一的认识。如果没有统一的认识，DevOps 的改进就很分散，没有合力，导致转型效率就会低，甚至会遭受到来自于部门内部的反对和抗拒。

所以，DevOps 转型的前提在全组织建立对 DevOps 改进的共识，无论是提升质量，还是效率，在总体方向上一定要是一致的。所以，在分析完 DevOps 的成熟度之后，需要根据组织的状态来给出改进优先级。这里面有几个小技巧如下所示。

1）首先按照“三步工作法”的第一步，构建从左到右的交付流程图，其中要包括步骤名称、责任人实名以及对应的角色、工作事项、每个事项交付的产物。

2）其次，要和每个角色单独聊天，问题关于各个环节的痛点和问题，这样可以获得更多的信息和信任。

3）最后将所有的碎片拼起来，构成一条完整的、可视化的流程。先和每个人单独确认，确保没有遗漏的信息，然后在一个公开的会议上集体确认。这里要注意的是，会议上要只说事情本身表现出来的结果，而不要追究角色和人的责任，否则你会失去一些当事人的信任，为日后展开工作带来不便。

4）在公开的场合允许大家提出不同的观点，但是要指明哪些是“事实”，哪些是

“假设”。

5）和所有人确认了问题和痛点后，结合优先级发一封给所有人的邮件，之后要定期更新这些问题的进度。

为了在整体上取得最终的效果，局部过程中一定会有损失。就像上文说的，在转型的过程中会面对组织的矛盾，所以我们就要采取接下来介绍的几个策略。

3. 采用“DevOps 改进”和而非“DevOps 转型”

提到“转型”，大家自然会认为是“短时间内的巨大（或者显著）改变”，与“变革”的意思类似。如果我们仅拿出两个时间间隔较长的观测点来看，是“转型”，而把这个变化细分到每一天，就是“改进”，这也更加符合 DevOps 的精神——持续的改进。

根据萨提亚改变模型如图 12-1 所示，一个改变会经历“抗拒期”“混乱期”和“集成期”，最终完成改变。

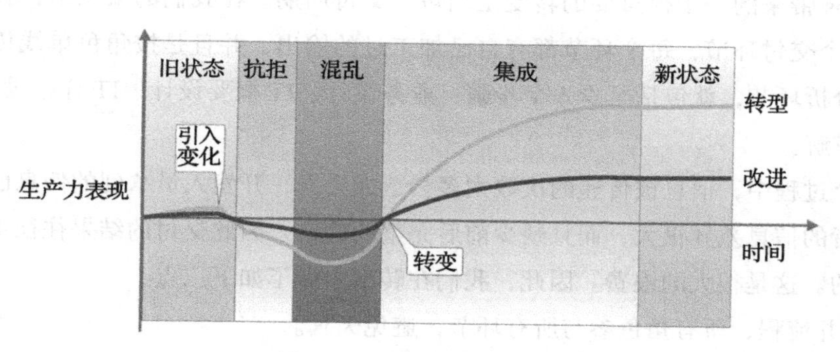

图 12-1 萨提亚改变模型

所以，我们所说的转型，指的是在现有状态下，在一个固定的周期里（通常以版本计算），引入了多少实践去进行改进。短期内引入的实践越多，对个人和组织来说带来的影响和抗拒就越大，同样，反弹的几率也越大，但如果把这些实践逐步引入，即在巩固好了前一个实践的基础上引入，带来的抗拒就会小一些，但时间就会长一些。

在这个的案例里，我们的 DevOps 转型经历了两个版本后，虽然得到了不错的结果，但同时也引起了团队的不满。因此，在之后版本的中，我们将“转型”变为“改进”，即巩固已有成果，再逐步增加内容，这样可以使 DevOps 改进的效果更持久。

采用试点团队和推广团队

试点团队是一种规避风险的方法，我们可以用较少的代价来进行体验和整合，避免将风险扩大到整个组织。挑选试点团队一定要找表现最差的团队，因为只有表现最差的团队有了效果，其他团队产生效果的几率才会很大，但如果找表现最好的团队来进行尝试，同样的方法对于表现较差的团队很可能会无效。

小规模组织可以将试点团队的实践进行复制，每次按照试点团队的样子重新组织并复制经验即可。但正如上文所述，由于转型引入的变化太多，复制效果一般很不好，因此这种方式在大型组织里面不适用，特别是团队水平分布呈长尾形状的组织。

所以，我们除了试点团队，还组织了 DevOps 实践推广团队。DevOps 试点团队会将一些实践经验进行总结，并在 DevOps 转型评审会上给所有产品的负责人进行说明，由各产品负责人根据自己的情况进行评审和采用。这样，就可以将实践按照版本一个一个地落地，达到低风险的改进效果。

组织全功能团队并合并流程

DevOps 带来的一个很重要的转变是缩短了交付周期。在我们的案例中，我们的客户会经历 22 个交付环节，每个环节都有自己加工过的输出，并且是按角色单线传递的，仅一个需求分析环节，就包括至少 6 个步骤：业务设计、IT 概要设计、IT 详细设计、评审、讲解、反讲解。

在这个过程中，信息被传递的次数太多会造成失真，开发人员拿到的信息已经和当初需求提出者的信息差异很大，而且缺少前后完整的确认，因此交付的结果往往不是需求提出人想要的。这是很大的浪费。因此，我们在转型中做了如下三点。

1）合并流程，所有角色参与所有环节，避免失真。

2）减少输出，尽量让所有的输出集合在一份文档上，避免写出丢失信息的文档。

3）对各个环节的活动和输出结果进行质量控制。活动质量和结果质量同样重要，没有高质量的活动就缺乏高质量的结果。

最后的结果如图 12-2 所示，每个环节都有多个成员参与。

在这个过程中，我们也编写了如何提升活动质量的规范，以量化活动的质量。

采用用户故事成熟度提升需求的质量

质量问题往往来自过程中丢失信息，丢失信息有以下几方面的原因：

1）需求提出人没有充分表达。

2）需求在传递过程中丢失信息。

3）开发团队没有和需求提出人在方案各个环节确认规格。

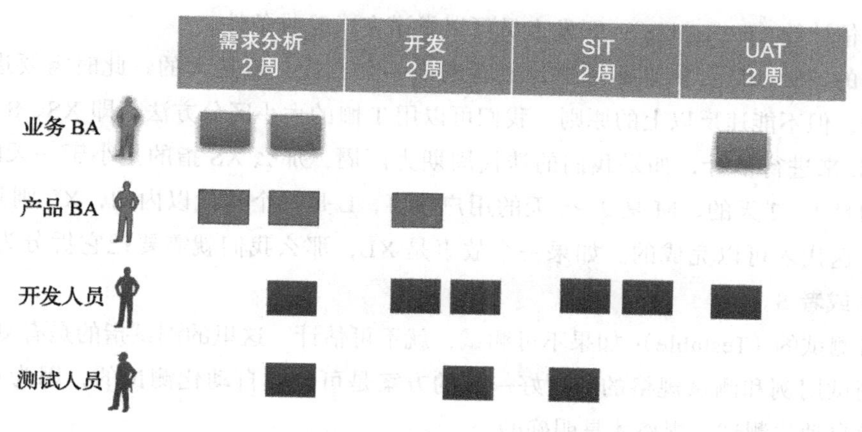

图 12-2　合并后的全功能团队任务流

提升质量最好的办法是将质量要求提到开发早期阶段并和需求提出方核对。为此，我们采用用户故事描述需求，这里面需要注意一点，用户故事不是一个需求文档格式，而是一种形成需求的方式。用户故事是需求的来源，但用户故事并不是需求本身。需求是一个把抽象的想法通过设计变成规格化的文档的过程，这个过程需要所有人的参与。

用户故事包括三个内容，即 3C：Card（卡片）、Conversation（讨论）、Confirm（确认）

我们采用卡片而不是文档，一方面是为了减少信息，这样可以减少用户提出需求的压力，把大框架思考清楚而不必拘泥于细节；另外一方面，少量的信息也可以为讨论和确认提供空间。

讨论实际上是一个引导的过程，一定要避免用户告诉你怎么做。软件开发是一项专业服务，而提出需求的人往往不是专业人士。因此如果让非专业人士指导专业人士，结果一定不会太好，但是我们可以设计方案，和用户协商出一个双方都满意的结果。

最终的设计方案一定要和用户确认，避免开发出来的软件不符合用户的预期。所以，用户故事一定要包含验收条件（Acceptance Criteria）。

此外，一个好的用户故事要符合 INVEST 原则，具体内容如下所示。

- 独立的（Idependent）：用户故事是完整的，不可再拆分。
- 可协商的（Negotiable）：避免需求完全由用户来确定，而应该是和团队之间讨论决定的，哪怕最后讨论的结果对用户故事没有任何影响，都要通过讨论环节来做沟通和理解的对齐。
- 有价值的（Valuable）：从存储、计算、传输的三个方面来说明用户需要的特性是如何为用户创造价值的。

- 可估计的（Estimable）：开发人员可以承诺完成验收条件。
- 小的（Small）：如果不可估计或者超出一个迭代，就是大的，此时需要进一步拆分，但不能违反以上的原则。我们可以用 T 恤的大小区分方法，即 XS、S、M、L、XL 来进行估计，如果我们的迭代周期为两周，那么 XS 指的是小于一天的，S 指的是 1、2 天的，M 是 2～5 天的用户故事，L 是一个迭代以内的，XL 则是超出一个迭代才可以完成的。如果一个故事是 XL，那么我们就需要把它拆分为多个 L、M 或者 S。
- 可测试的（Testable）：如果不可测试，就不可估计。这里的测试指的是有测试场景、测试用例和测试规格的。更好一点的方案是可以被自动化测试的，因为只有可以被自动化测试，规格才是明确的。

我们结合 INVEST 原则制定了用户故事的成熟度：成熟度级别越高，用户故事的质量描述越完善。我们将成熟度分为 5 个级别。

- 1 级：符合基本的用户故事格式，有对用户场景的分析。
- 2 级：具备验收条件，并且和需求提出者确认。
- 3 级：根据验收条件分析出测试场景，并用 Given-When-Then 的格式描述。
- 4 级：根据测试场景分析出测试用例，测试用例包含测试规格。
- 5 级：可以进行自动化测试。

在我们的案例中，我们对不同的团队有不同的要求。我们要求所有的用户故事最低要做到 3 级，默认做到 4 级，最好做到 5 级。此外，为了避免丢失信息，我们采用思维导图来记录用户故事、测试场景和细节，如图 12-3 所示。

在需求讨论的过程中，完成了所有的问题就能保证需求的质量，从而使下游开发和测试减少不确定性。

4. 实践不同级别的 TDD

自动化测试是提升质量和效率的核心实践，因此，DevOps 离不开自动化测试。而在自动化测试里面，测试驱动开发（TDD）又扮演着十分重要的角色。

很多组织在落地 TDD 的时候会认为很困难，我们把 TDD 落地分为以下三个层次。

1）工具：掌握基本的单元测试框架的用法和场景。

2）习惯：养成先思考后测试的习惯。

3）遗留代码：从新的项目开始做 TDD 很容易，但面对遗留代码往往无所适从。

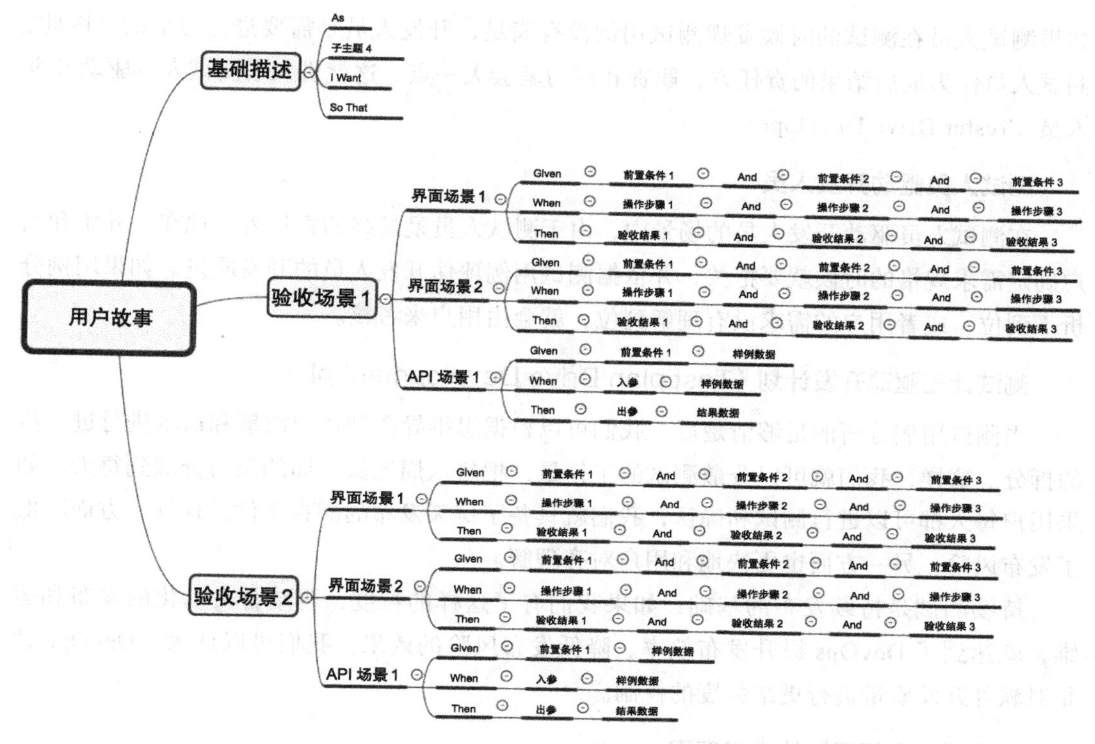

图 12-3　记录用户故事的思维导图

在以上三个层次中，工具最简单。习惯比较难，但通过人为或者技术的手段可以强制代码都有单元测试覆盖，但不一定是 TDD，因为有可能是先写的实践，后补的测试。虽然这种方法不推荐，但算是在短期内的“次优”选择。而在遗留代码的情况下，特别是很多测试场景对数据有强依赖且场景不封闭的情况下，只能逐渐提升用例覆盖率，或者进行一次用测试用例驱动的数据规范化项目。否则，每一次发布都是一次高风险的赌博。

质量低下的高效没有意义，只有在质量水准不降低的情况下，才能考虑如何提升效率。让团队养成经常提问“如何测试”和“如何自动化测试”的思维习惯是很重要的，所以，我们在用户故事讨论和需求规格确定时就要确认测试用例。这就是测试用例驱动开发（Test case Drive Development）。

测试用例驱动开发

在测试用例驱动开发中，开发人员要理解和确认测试用例和场景，在开发完毕提交给测试人员前，就要先按照条件进行自测。这就是把测试从开发测试环节向前移一个步骤。

如果测试人员在测试的时候发现测试用例没有满足，开发人员是需要进行考核的。因此，测试人员作为最后结果的责任方，职责和权力就会大一点。这就进入了测试人员驱动开发人员（Tester Drive Developer）。

测试人员驱动开发人员

在测试人员驱动开发人员的场景中，由于测试人员是最终的责任者，他在一开始和用户确定需求规格的时候就要把关，并依据测试用例评估开发人员的开发质量。如果用例分析不到位，或者用户的需求没有理解到位，就会由用户来考核。

测试计划驱动开发计划（Test plan Drive Development plan）

当测试用例分析的足够清楚后，我们可以根据思维导图把用户故事和需求进行进一步的拆分。这样，我们就可以分散测试的工作量，把每八周测试一周的压力分散到每天。如果用户每天都可以进行测试和确认，我们就具备了每天发布的潜在条件。这样一方面降低了发布风险，另一方面也更快地和用户对齐理解。

持续测试是持续发布的基础，如果我们有了这样的粒度，再结合自动化的发布和运维，就达到了 DevOps 提升发布效率、降低发布风险的效果。我们可以认为，DevOps 就是对软件开发质量进行更细粒度的控制。

构建“比学赶超”的组织氛围

在大部分组织里面，DevOps 转型都是一个自上而下的任务，因此，DevOps 转型带来的压力和负面印象居多。这也是 DevOps 落地的一大难点之一。

所以，我们需要将“要我做 DevOps”转变为“我要做 DevOps”，这就是 DevOps 的组织激励设置。我从王者荣耀这款游戏中得到启发。王者荣耀是一款让人不能自拔游戏，其原因主要包括以下几方面。

1）相对公平的竞争机会，玩家的获胜概率分布比较均衡。

2）快速的反馈：每一场时间不会太长。

3）基于排名的奖励机制。

因此，我们根据我们所期望达到的 DevOps 效果设计了团队排名，并定期公布结果和奖励，例如自动化测试覆盖率的排名。在设立激励机制时有以下几点需要注意：

1）设立的度量指标要相对公平。

2）只奖励成绩靠前的，例如第一名或者前三名。

3）要求获胜团队进行分享，并且把经验总结到统一的 DevOps 知识制度库里。

4）无论是否获胜，成绩只能提升，不能降低。

5）评比周期不宜太短，月度排名比较合适。

所以，当团队有了竞争，团队之间的学习、追赶和超越就成了自发的行为。这样 DevOps 转型就由被动化为主动了。在我们的案例里，我们简单度量并比较了 LeadTime 和 UAT 阶段的 Bug 数量，起到了很好的示范作用。有了这样的结果，团队纷纷开始拥抱测试驱动开发。

规范化 DevOps 实践

在 DevOps 改进的过程中，我们要把很多的实践文档化、规范化以用来复制和扩张，否则大家的理解和执行往往不一致。在小型团队中这样的问题并不明显，但到了大型团队，传播和理解就会成为很大的问题。所以，我们需要建立一个规范化的文档中心，让所有的知识和要求有单一可信的来源。

规范化实践需要包含以下几个内容：

1）名词最好只有单一的解释和定义，并进行引用。

2）步骤说明和注意事项要齐全，每个步骤落地中一定有很多细节。

3）好坏例子都要保留，并对例子有说明。

4）效果和度量，计分表或者成熟度模型等。

制度树立起来之后，需要认真执行并不断完善。每个人都可以根据自己的实践来不断更新规范文档，让这个文档能够帮助和指导实践，而不是单纯记录，没有任何效果。用文档中的约束和定义来考评团队各方面的表现，这个文档就会被用起来了。

让每个人都可以修改并发表意见，这样，团队就会有参与感，才会愿意执行和维护这个制度。否则，规范就很难执行下去。

此外，在组织里也要养成执行和建立规范的文化。在遇到事情时，首先问有没有制度规范，如果有就执行，如果没有，就要想办法建立。在执行后也要能够根据实际的使用情况和 DevOps 改进大目标进行调整，而不是一味地死守制度。

规范化是 DevOps 发挥规模效应重要的一环，在开始的时候就需要建立。在我们的例子中，我们在取得一定成果后才开始推广规范化，此时规范化和文档化的压力非常大。所以，在初期就要把这样的制度和文化建立起来，并且配合其他实践一起使用。

案例总结

“DevOps 是什么”往往不会有统一的答案，但“DevOps 能够解决什么问题”才是很多想要进行 DevOps 转型的组织关心的。

寄希望于 DevOps 转型是很容易失望的，因为 DevOps 转型是一个投机性的术语，给他人的印象是在短期内获得大幅度的改变。然而这样大幅度的改变会伤及已经成型的组织，导致组织的生产力表现大幅下降，大大提高了 DevOps 实施的风险。加之大型组织的个体表现差异较大，各个团队能力不一，因此，“一刀切”的 DevOps 转型会带来伤害。

因此，低风险的 DevOps 改进是在大型组织中的可行方案。一方面，我们通过 DevOps 改进来降低组织对 DevOps 带来风险的预期，逐步引入 DevOps 实践，让团队能够比较轻松地接纳新事物；另一方面我们采用试点团队和推广团队，将 DevOps 实践试点的成果在组织内扩散，扩大 DevOps 试点的成果。

在扩展大 DevOps 试点成果方面，大型组织的 DevOps 落地关键点在于设计一个能够让全部组织“比学赶超”的制度，激发个体的能力，加速落地过程，而不是被动地等待改变。

这一切的前提，就需要组织能够正确认识自身的真实能力。大型组织往往会失去透明性，站在金字塔顶端的决策层往往只能获得加工过的信息，而这样层层加工过的信息无法真实传达出企业的现状。所以，越是大型的组织，越需要直接而基础的数据，这样才能做出更有效的决策。所以，DevOps 往往从对度量的可视化开始，根据度量的数据采取定制化的措施。

本文是大型 DevOps 组织提升质量和效率的关键实践，希望能够帮助正处在 DevOps 落地艰难期的你。

13 | CHAPTER

团队在高速扩张中的能力构建与质量保证

作者介绍

张思楚 就职于 ThoughtWorks，全栈工程师、畅销 Web 产品 SpreadWeb 架构师、海外大项目的技术负责人，多项 Web 专利技术发明人。拥有十五年软件开发工作经验。起步于 C++ MFC 工业控制开发，后来转为 WinForm 表格和报表控件开发，再后来，从事大型财务系统基础架构设计、系统集成等工作。专注于系统安全、PCI、PII 实践、性能优化、综合信息系统平台的设计和研究。最近几年在做系统平台的服务化、微服务的设计与实施。对于团队快速构建、体系化 Coach、团队赋能、团队人才梯队培养也积累了不少心得和经验。

案例综述

ThoughtWorks合作的一个海外运输行业客户希望在3个月内从原来不到20人的小研发团队扩张到60多人，希望中国的ODC（Offshore Delivery Center，离岸交付中心）能在规定时间内完成人才的招募和供给，希望更快速地交付更多新功能。由于2018年我们交付的新功能带来了良好的收入，因此客户会期望更大的回报，同时希望构建完善的人才梯队，避免因快速扩张而引发质量问题、线上事故。这对于客户的高级经理来说是重要的业绩衡量标准。

快速的人员扩张是个幸福的烦恼，是一把双刃剑。一方面，人多了可以带来更多的收入，但另一方面，如何招人，如何培养人，如何避免新人出质量问题也非常值得思考。如果质量问题频繁发生，我们很可能丢失和客户已经建立起来的信任。

本案例系统化地介绍了整个过程中的问题与挑战、收获的经验与教训，其中包括：

- 如何缩短新人的成熟时间，在加快交付速率的同时保证质量，避免线上事故？
- 如何构建良性团队氛围，减少知识的稀释，形成合适的人才梯队？
- 如何从手把手的知识传递，变为自组织、自学习团队？

经过3个多月的努力，我们最终满足了客户的要求。通过统计分析可以看到，2018年1月～6月有4起严重的线上事故，在人员快速增长的下半年，即7月～12月有5起，2019年1月～6月有1起，7月～12月没有事故发生。虽然结果是好的，但是过程是曲折的。

案例实施

1. 人员快速成长

在讨论人员快速成长之前，我们先回顾一下常规的新人成长方式。一般情况下，我们会为新人指派一名有经验的“师傅”，作为他的引导伙伴。他们一起结对编程，在日常工作中交换知识、学习并成长。新人的引导速度、理解知识的速度，取决于师傅的技能，如果师傅擅长带新人，则引导掌握项目技能的时间会大大缩短。

在团队人员成长的过程中，我们也在思考并实践，是否可以从原来老带新，依靠师傅传授手艺的方式，转变成流程化的快速成长过程呢？能否加速新人成熟，并保证新人一定是项目可用的呢？

为实现人员快速成长，团队主要做了下面四项工作，以构建一个有规可循的新人快速成长流程：

1）梳理完整的技术能力图谱（CraftSkill Map），可视化人员需要掌握的能力。

2）制定引导流程、各个阶段的作业和检查点。

3）制作新成员状态看板，通过红黄绿三状态跟踪人员状态，尽早发现风险并采取措。

4）针对性培训，量身定制，认知转变，技能转换。

当一个新人加入项目时，常常会问这个项目是干什么的？需要解决什么问题？使用了哪些技术栈？我该怎么开始？所以非常有必要给新人一个可视化的能力图谱，让新人在一开始就对项目有一个全局的认识。

可以把能力图谱打印出来贴在团队的工作区域让每位成员都可以看到。实践证明团队里培训比例越高，能节约的人工成本越多。

除了能力图谱，为团队梳理一个完整的引导流程也非常重要。给新人一个清晰的引导流程，让新人进入项目的第一刻就明白接下来的每个步骤要做什么。从新人刚刚加入项目，到新人完成引导，可以胜任项目的相关工作，即根据任务评估，可以在中等时间花费下完成项目里中等难度的任务。比如，一个中等难度的任务，团队的评估是 3 个故事点，大概需要花费 3 天时间，那么一个可以胜任项目的新人在领取这个任务后，需要在 3 天内独立完成。

新人引导的第一天会先让新人和项目负责人进行一个为期半小时的会面，帮助新人了解项目大体情况和背景，也帮助项目负责人了解新人的期望和诉求。如果项目有安全需求，也需要第一时间告知新人开始学习并遵守相关要求。

随后，新人和项目的技术负责人进行半小时的会面，帮助新人了解项目的技术栈和高级架构设计，也帮助项目技术负责人了解新人的技术背景，进行技术基础和匹配度评估，并初步设定新人引导的大致时间，一般是 2～4 周，并指定新人的工作伙伴。

团队的人数一般不会太多，在 7、8 人左右。新人加入团队后，会在团队中找一位有经验的人作为新人的工作伙伴，在整个新人引导过程中为新人提供必要的支持和帮助。

新人首先学习项目的业务和技术，一段时间后会召集团队开一个 45 分钟的训练结果展示会。会上由新人介绍自己所学习的内容，由团队成员帮助查缺补漏，整个环节是一个非常有效的回顾过程，可以帮助新人理解、掌握项目的相关情况。

之后根据项目情况，侧重学习前端、后端或者质量保证的领域知识和技能，学习一段时间后，一样也会做一次训练结果展示。最后新人开始学习 DevOps，学习可视化上线流程，明白自己的代码提交后是怎么实现上线的，如果出问题应如何修复等。最后在工作伙伴的支持下，新人领取任务，逐步开始独立工作。

当新人成熟，进行了一段时间的开发交付工作后，要熟悉并精通自己引导阶段侧重的技术栈，一般3个月或者6个月之后就可以开始考虑让有潜力和兴趣的团队成员轮换到新的技术领域，比如后端换到前端等，以便打造全功能团队。

除了引导的流程，我们还需要确定流程的里程碑和执行时间，让流程执行得更有序和有效。根据我们的实践，我们为工作0～3年、经验稍微少的新同事，制定了4周左右的引导周期，其中每一周都有明确的里程碑。为超过3年、比较资深的同事，制定了2周左右的引导周期，同样每一周也都有明确的里程碑。无论是否资深，他们最终要达到的目的是一样的，即都可以领取任务、保质、保量地独立完成工作。

此外，还要建设引导中业务部分的培训资料库。首先，新人会拿到一个所有资料的索引页，所有资料都可以通过这个页面找到，并链接到详细内容页。最开始的时候我们使用WIKI文档，让新人通过阅读WIKI文档了解业务。后来我们采用了视频的方式，为每个业务录制背景介绍和系统演示视频。每个大业务有3、4段视频，每个视频50分钟左右，大家可以通过视频更快速地了解业务。那么还能不能再快一点呢？我们又录制了播客，以纯音频的形式介绍业务，这样大家在上班或下班回家的路上，戴上耳机就可以学习业务知识了。

除了上面说的视频资料外，我们也准备了作业。作业是培训里最重要的部分。在培养新人的过程中我们发现，把知识点全部转化为单元测验是一个很好的方式。我们总共做了40多个单元测验，覆盖了常规的语言特性，比如字符串的处理、浮点数的处理、文件的处理等。新人只要有一些编程经验和常规面向对象的认知，即便之前没接触过C#只会用Java，通过完成单元测验，他也可以非常快地从当前的语言转换到项目所需要的语言。根据我们的观察，这样学习的效率非常高，最快只用4个小时就熟悉了C#语言。除了学习语言的单元测验，我们还有前端的学习资料React Todo List作业：使用React Redux做了一个Todo List的WebApp。通过这个练习，新人可以很快地上手了React框架。

除了常规知识的作业，我们还定制了一些基于项目的作业。由于项目的技术栈是基于一个SOA服务的，所有的数据查询、提交、存储操作都不需要直接访问，而是通过调用这个SOA服务所提供的DSL来实现。为了让新人学习理解这一套SOA服务和DSL，我们有针对性地准备了一套作业。这套作业在项目实际代码仓库下的一个分支里，根据项目的一个真实功能改编。新人通过在这个分支上工作，完成这个功能来学习这套SOA服务框架和DSL。当新人检验到这个分支，可以看到这个作业的背景介绍和所需要学习的知识点。我们共设计了12个点，搜索#homework即可找到这12个点，学习并完成这12个点后，新人就基本可以掌握最常规的80%的知识点了。此时，新人完全可以开始独立在这个框架下工作了。

由于同一时间上新人的数量比较多，我们希望降低新人参与工作可能的风险，希望每位新人经过 2～4 周的培训后，都能够胜任项目。所以我们采用了新人状态看板来监控每个新人的状态。

前面我们提过，我们会为每一个新人指派一名工作伙伴，工作伙伴会和新人工作在一个团队里。我们一般会选工作经验比较久，在项目里时间比较长的老人作为工作伙伴，在引导过程中为新人提供所有的帮助和支持。

当新人开始大规模参与工作时，每周三、周五会把所有工作伙伴召集到一个会议室里。此时工作伙伴需要更新自己所带新人的状态，我们用三种颜色来表示。

- 绿色：自己所带的这个新人，从当前的实践来看，按照预期达到胜任项目的标准是没有风险的。
- 黄色：有一定风险，需要针对性地制定一些行动，降低或消除这个风险，让新人最终能在规定的时间内胜任项目。
- 红色：所带的这个新人的风险已经不在自己能力的控制范围内了，可能需要公司的人力资源团队一同介入，了解这个人当前的状态，以及是否需要一些外界的帮助。之后一起制定接下来的帮助或者行动，或者根据他的意愿进行调换，到更适合的项目去。

经过 3～6 个月的大规模新人培训，我们也在这个过程中总结出一些经验。

1）共加入 55 位新成员，其中 4 位未通过新人引导流程，被淘汰。被淘汰的新人被换到别的项目或离开公司。这是一个可以接受的比例。

2）在新人进入项目的那一天，我们就向他介绍了项目的相关情况，说明了接下来的引导流程，以及胜任项目的条件，同时也为他指定了一路同行的工作伙伴，保质保量完成新人引导的整个流程，使其最终能够开始独立工作。

3）自组织、自驱动、自迭代的新人引导赋能过程。我们的项目能力图谱、作业等，都是在引导过程中不断地迭代、不断地改进形成的。

4）形成人员快速成长标准流程，加速新成员成长。经过不断地摸索，我们基本上找到一个能够解放一部分老人带新人所花费的时间的流程。

我们抽取了一些数据来分析新人引导流程到底有没有缩短新人胜任项目的时间。我们抽取了相似背景的新人，比如都是三年左右工作经验，都在引导过程中是黄色状态，即出现风险的。通过分析数据我们可以看到，新人引导流程缩短了新人胜任项目的时间。但是，我们也发现了一个有意思的情况，对工作经验大于七年的几位新成员，引导流程并没有怎么加速，和一对一、老人带新人的方式相比，没有什么提升，胜任项目的时间都非常短。由此可见，新人的资历越浅，新人引导流程所起到的作用会越大一些。

现在我们也还在不断地优化新人引导流程，让它能在小于四周的时间内完成。

2. 线上事故回顾与报忧文化

线上事故回顾与报优文化是团队在高速扩张中的能力构建与质量保证的一个非常重要的部分。

Google 推崇报忧文化（Postmortem culture，直译为验尸文化），即从失败中学习，失败也是一次教学。对此，我们深受启发。项目的领导在开全员大会的时候，往往只说好消息，很少说坏消息。Google 的实践是，从失败中学习，并在全员大会的时候分享给大家，而不是只说好消息，比如“我们的某个服务又宕机了 1 小时”“损失了多少收入”，供大家学习和反思，避免问题再次发生。

我们在自己的项目上也总结了线上事故回顾模板。回顾总结出事故的概要、影响、根本原因、起因、后续行动等，以便阻止这类事故的再次发生，或者缓解这类事故发生的概率。回顾事故中的收获，复盘在这个事故中我们做得好的和做得不好的地方。每个线上事故都这样总结，并分享给全项目组。

经过 3 个多月的努力，我们最终满足了客户的要求。通过统计分析可以看到，2018 年 1～6 月严重的线上事故有 4 起，在人员快速增长的下半年，7～12 月有 5 起，2019 年 1～6 月有 1 起，7～12 月还没有发生。

同时，这也是现在业界比较流行的度量团队效能的一个维度，从 2019 DevOps 4 Matrix 来看，改变失败率和线上事故发生率非常一致。即便是没有在大规模培养新人的时期，也可以实践线上事故回顾与报忧文化，度量并改进一下项目的失败率。

3. 人才梯队构建

为了防止项目新人过多所带来的文化稀释、知识稀释问题，人才梯队建设是非常有必要的。

人才梯度构建主要包括下面三个方面：

- 可视化人才梯队看板。
- 每季度基于事实的回顾，进行梯队调整。
- 梳理人员提升行动，帮助团队成员提升。

其中，可视化人才看板把团队里的人分为了五个阶段。

- PM/TL：项目负责人或技术负责人。
- SecondTire：很有潜力成为项目负责人或技术负责人的第二梯队。
- KeyContributor：项目主要贡献者。
- Others：一般人员。
- Risk：有风险人员。

同时每个阶段里再分为：完全准备好，找机会随时进入下一个阶段的；能力中等，还需要锻炼的；刚刚进入这个阶段的，还需要多加锻炼的。

我们从主要的五个维度进行打分和度量，以评估团队成员现在处于哪个阶段，这五个维度是：贡献、顾客导向、能力、影响力、发展他人能力。根据项目的工作性质和内容，我们定义了这五个维度，当然你也可以根据你的项目、你的工作，按照你的需求，来定义适合你项目的维度。

每个季度，我们会根据每位成员在项目里所做的工作、发生的事实，按照这五个维度，进行打分，并进行回顾，提出改善意见。希望项目成员不断地在人才看板上向前移动，最后成为项目的主要负责人、技术负责人，可以自己去开启并负责一个新项目。

4. 社区与自学习团队

社区与自学习是激活团队氛围，形成良性的知识分享土壤的有效实践，主要包括对内对外两点。

- 内部：构建规律的技术分享活动。
- 外部：打开眼界，关注行业，融入社区，从参与者到讲师，激活团队氛围，形成良性循环。

我们需要构建的是“横向”的技术小组，比如说一个项目上，所有的前端人员组成一个小组，所有的后端人员组成一个小组，所有的质量保证人员组成一个小组。让各个小组内部进行分享，比如在后端小组里一起分享项目在后端有哪些可以一起改进的东西，有哪些技术债，有哪些通用的东西。我所在的项目固定每周二、周三下午 4 点到 5 点会进行一个小时的分享。

除了关注项目内所发生的事情，我们也应打开眼界，关注行业里发生了什么。我们需要融入社区，这是一个非常好的激活团队的办法，希望团队借此形成一个良性的知识分享循环。参加外部的社区，学习外部不同的技术和经验，将其带回到项目中，选择合适的新技术融入项目工作中，同时结合业务需求，形成有商业价值的功能。我们希望产生这样的化学效果，比如前端同事去参加外部活动，发现 AMP、PWA 其实可以结合项目上的一些需求，做出一些东西来更好地服务用户；后端同事去参加社区活动，发现一些新的性能调优的思路和工具，带回到项目来优化性能；质量保证同事参加社区活动，发现契约测试对项目是有帮助的，开始在一些测试方法上进行改进。

因积极参与社区活动，有的同事被 Google 选为社区优秀讲师，并被邀请到美国参加一年一度的 Google I/O。我也曾被邀请参加了 Google GDG 社区组织的东北亚峰会，一同讨论如何构建更好的社区。参加社区的同事反馈，有人原本不喜欢社交，现在更加自信和善谈；有人开始喜欢上了写 Blog、做知识分享；有人从听别人讲，到尝试内部小范围演讲，最终可以到社区大范围演讲。

案例总结

不断完善的新人引导流程，顺利完成了团队的高速、高质量扩张，避免了风险，提升了效率。从一对一的老带新的方式，演变为自组织、自驱动体系，大大节约了时间成本。构建人才梯队，防止知识稀释，并没有因为团队快速扩张，而产生额外的线上事故。

希望本文可以让大家有所收获。我总结了三点：当需要快速完成新成员能力构建的时候，可以采用能力图谱、新人引导流程、状态看板的方式；当需要系统化地进行人才梯队构建，防止知识稀释的时候，可以采用人才看板、报忧文化的方式；当需要激活团队氛围，形成良性的知识分享土壤的时候，可以采用内部技术小组赋能、外部打开眼界、加入社区的方式。

14

| 14 | CHAPTER

DDD 改善企业应用架构：CQRS 和 EventSourcing 在微服务项目中的实践与探索

作者介绍

王智勇 ThoughtWorks 高级咨询师。拥有 9 年后端、移动端开发经验，作为技术负责人，负责开发过多个不同业务领域的项目。目前致力于微服务系统设计、系统架构改进、研发效率提升等方面。

案例综述

本案例是一个遗留系统迁移项目，原系统存在用户体验差、软件缺陷多、文档缺失、维护困难、发布周期长等问题，难以满足客户未来的业务发展需求。在项目启动阶段，我们通过应用 DDD（领域驱动设计）与客户方业务专家沟通，完成了业务知识梳理，形成了用于描述业务的通用语言，同时基于业务领域模型完成了系统微服务的拆分。新系统采用 CQRS/EventSourcing 架构，业务方面，由于开发团队的技术实现更加贴近通用语言，提高了与业务团队的沟通效率；技术方面，新系统有效地分离了业务复杂度和技术复杂度，在满足审计需求的同时，微服务的性能、可维护性、可扩展性与开发效率都得到了提升。

案例背景

本案例是某教育行业客户的 IT 系统，该系统的主要业务是管理客户所在地区的高等院校的招生和录取工作。

客户原有系统已经运行 20 多年，不能满足客户的业务发展需求，存在的主要问题包括：

- 采用老旧的 CS 架构，用户体验差。
- 技术栈混乱且落后，客户端使用的 AWT、Swing 缺乏社区支持，开发成本高；部分后端核心业务使用 C 语言编写的批处理程序实现，业务代码难以维护，可扩展性差。
- 遗留系统经历过多次功能添加、修改，架构腐坏，软件缺陷多，难以修复，新特性开发发布周期长。
- 开发团队人员在多次变动后，文档过时或缺失，业务知识芜杂，梳理困难。

案例实施

在项目实施过程中，我们采用以下三个关键实践来进行需求分析、架构设计和编码实现：

- 使用 DDD 方法论划分业务领域，建立统一语言，迭代式开发；
- 应用 CQRS 架构，使技术实现贴近 DDD 统一语言，提升开发效能，同时提高系统的性能和扩展性；
- 采用 EventSourcing 并在具体实践中应用相关优化手段，在满足可审计性的同时保证系统性能。

1. 使用 DDD 方法论划分业务领域，建立统一语言

面对文档过时或缺失、业务知识芜杂、梳理困难的问题，我们在项目启动阶段采用了 DDD（领域驱动设计）对系统进行分解设计。领域驱动设计是一种处理高度复杂领域的设计思想，试图通过分离技术实现对复杂性的控制，围绕业务概念构建领域模型来控制业务的复杂性，以解决软件难以理解、难以演化等问题。DDD 是一个很宏大的话题，ThoughtWorks 和社区在实践中已经总结出了丰富的知识体系和方法论，限于篇幅，本文仅简要介绍在本项目上的 DDD 具体实践。

- 团队消化领域知识，建立统一语言：在这个阶段，开发团队和客户方业务专家沟通，收集并理解业务知识。业务专家并不是一个职位，本项目中，客户方产品负责人、资深开发者、测试人员以及客户的客户都从多个不同的维度给我们提供了业务知识。
- 初步提炼，识别领域模型：根据上阶段收集到的领域知识和业务概念，初步识别出领域模型及其相互之间的关系。
- 分解领域模型复杂度，划分子域和界限上下文：在识别到领域模型后，通过分析模型之间的关系，将每一组具有高度内聚性并能找到清晰边界的业务模型划分开，得到界限上下文。
- 细分领域模型内部元素，识别实体对象和聚合根：划分出的领域模型界限上下文可以看作逻辑上的微服务，在此基础上对其进行分析，识别出每个微服务内的聚合根、实体对象、事件等。

通过上述步骤，我们抽象出了领域模型，并将系统按照业务需求划分成微服务，同时技术团队在与业务团队的沟通过程中建立了一致的领域模型术语，即统一语言，为后续开发过程中的高效沟通奠定了基础。

2. 应用 CQRS 架构落地 DDD

（1）为什么使用 CQRS

在使用 DDD 对系统进行分析建模时，我们的核心关注点是建立领域模型、识别聚合根、实体对象及领域事件等。我们的假设是实现业务需求就是在聚合根上施加一系列业务指令，这些业务指令会调用领域服务，生成领域事件，并最终改变聚合根和实体对象的状态。但是现实世界里的系统同时需要对外提供数据查询能力，因此，实践中我们既需要能够编写符合 DDD 统一语言的业务逻辑，又需要简单、快速的数据查询，而这两者在系统

架构设计上的诉求往往存在明显的差异，并因此导致系统的技术复杂度大幅提升。面对这个问题，CQRS 提供了有效的解决思路。

（2）什么是 CQRS

CQRS（Command and Query Responsibility Segregation，命令查询分离）模式由 Grey Young 在 2010 年提出，其基本概念来源于更早的 Myer 提出的 CQS（Command and Query Separation）思想。CQS 认为，一个对象上的所有方法都可以按照职责划分为两类。

- 命令：执行某个操作并修改系统状态，一般没有返回值，在某些语境下，人们会使用 modifier 或者 mutator 等术语来指代命令。
- 查询：向调用方返回结果，不改变系统状态，没有副作用。

狭义的 CQRS 是指按照 CQS 定义的职责将命令和查询分离到两个不同的接口，但是我们往往将这种思想应用在更高级别的系统架构设计上，例如分离命令和查询所依赖的数据模型为命令模型（Command Model）和查询模型（Query Model）。在 DDD 语境下，命令模型对应上文提到的聚合根、领域对象等领域模型，业务需求在命令模型中实现。

如图 14-1 所示，展示了应用 CQRS 对服务进行重构的示例。

ApplicationService
void createApplication()
void addPreference()
void removePreference()
void submitApplication()
void payApplication()
Application queryOpenApplication()
Preference[] queryPreferences()
Receipt queryReceipt()

Apply simple CQRS

ApplicationCommandService
void createApplication()
void addPreference()
void removePreference()
void submitApplication()
void payApplication()

ApplicationQueryService
Application queryOpenApplication()
Preference[] queryPreferences()
Receipt queryReceipt()

图 14-1　应用 CQRS 对服务进行重构

（3）应用 CQRS

图 14-2 展示了应用了 CQRS 之后的系统架构。

其中：

- Command 端主要负责调用聚合根上的方法处理业务逻辑，更新聚合根和实体对象的状态，并将领域事件发布到 EventBus 上；
- Query 端数据同步通过监听并保存 EventBus 上的领域事件完成。

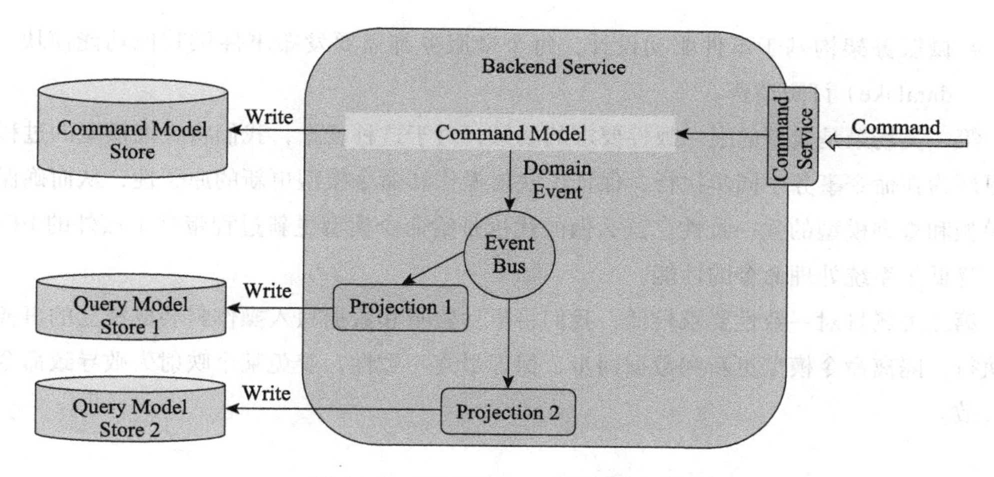

图 14-2　应用了 CQRS 的系统架构

通过应用 CQRS，我们达到了解耦领域模型和查询模型的目的，避免查询需求和业务逻辑使用相同数据模型导致的一系列问题，如复杂的事务管理、冗长的 join 语句等，有效地控制了技术复杂度。同时由于领域模型和查询模型分离，在存储层面对两个模型进行有针对性的调优：在领域模型侧，技术实现要尽可能贴近 DDD 统一语言，提升开发效能；在查询模型侧，通过优化数据库表设计或者引入非关系型数据库存储如 MonogoDB、ElasticSearch 等，提高系统的性能和可扩展性。

（4）CQRS 带来的挑战与应对

应用 CQRS 解耦领域模型和查询模型意味着被数据分布存储在两个不同的位置。根据 CAP 原理，分布式存储只能满足一致性（Consistency，即查询端能够读到命令端写入的最新数据）、可用性（Availability，即领域模型存储和查询模型存储任何一方出现故障，另一方都能正常工作）和分区容忍性（Partition Tolerance，即事件同步机制故障导致事件传递延迟或丢失后，系统仍然能够正常工作）这三个条件之中的任意两个。由于实践中造成事件同步机制故障的原因来自方方面面，包括代码 Bug、数据库网络故障等，所以系统设计必须满足分区容忍性。那么如何在一致性和可用性之间根据具体业务需求进行选择，成为应用 CQRS 过程中必须考虑的问题。

为此，我们提出了相应的应对方案。本项目中的查询端数据同步主要可以分为两类场景：

- 本项目是一个前后端分离项目，前端需要在发送命令并得到成功的响应后，能够立即查询到最新的数据。

- 微服务架构基于事件驱动设计，每个微服务都需要发布事件供其他功能模块（如 datalake）订阅消费。

第一类场景是典型的强一致性要求的场景，对于这种场景，我们将查询模型的过程设计更新为在命令事务中同步执行，保证了映射操作和命令模型更新的原子性，从而确保命令模型和查询模型的强一致性。这么做的代价是给命令模型更新过程带来了额外的 I/O 开销，降低了系统处理命令的性能。

第二类场景对一致性要求较低，我们将事件监听和数据写入操作封装成独立的事务异步执行，隔离命令模型更新和数据同步，保证最终一致性，避免某个映射失败导致命令整体失败。

3. EventSourcing

（1）为什么使用 EventSourcing

前文提到，Command 端主要负责调用聚合根上的方法处理业务逻辑，更新聚合根和实体对象的状态，并将领域事件发布到 EventBus 上。如果采用传统方案实现，即数据库保存聚合根和实体对象的最新状态，会带来两个问题：

- 要保证数据一致，必须将更新对象状态和发布事件到 EventBus 放在一个事务中完成，这无疑会增加系统的复杂度。
- 由于数据库只保持了最新的状态，调用方的行为记录会丢失，难以审计，当出现 Bug 时，无法回到某个时间点的状态，不利于排错。

为了解决这两个问题，我们使用了 EventSourcing，不再直接保存聚合根和实体对象的状态，而是只要聚合根和实体对象的状态发生变化，就在事件存储中添加一个新领域事件。这个过程是原子的，在处理命令时，应用通过重播事件来重建实体的当前状态。事件存储同时支持订阅，向事件存储中保存领域事件时，订阅方（例如查询端数据同步）可以收到通知。

图 14-3 展示了使用 EventSourcing 之后的系统架构。

（2）EventSourcing 性能优化

使用 EventSourcing 后，每次处理命令都需要通过重放事件流来重建聚合。随着领域事件的增加，重建过程会带来较大的性能开销，有两个方案可以对这部分开销进行优化：缓存和快照。

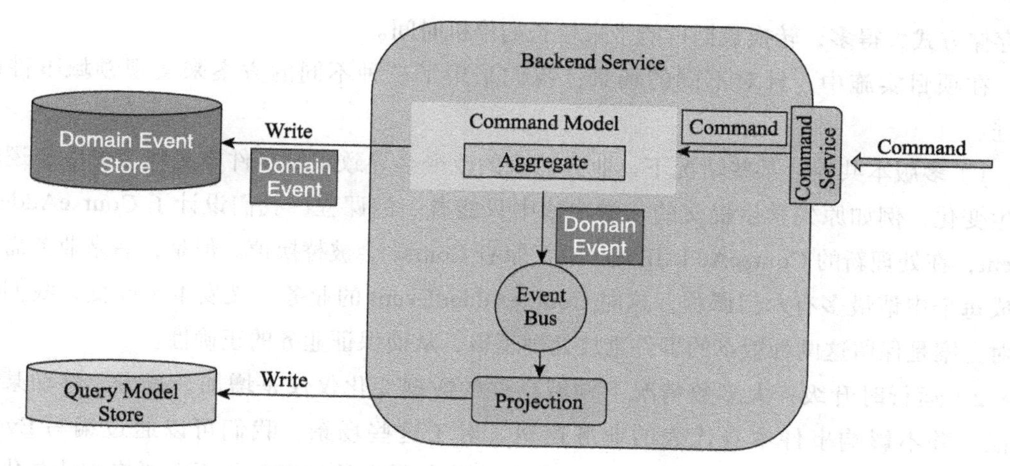

图 14-3　使用 EventSourcing 之后的系统架构

1）缓存：将重建出来的聚合对象保存在内存中，在缓存命中的情形下，便可以完全避免额外的性能开销。但是，使用缓存需要仔细权衡内存占用与缓存命中率，而且由于缓存存在于内存中，应用重启后需要重建缓存，可能成为新的性能瓶颈。另外，应用多实例部署时，必须针对业务特点配置负载均衡来优化缓存命中率。由于这些限制，我们最终没有采用缓存方案，而是转向了快照。

2）快照：将重建出来的聚合对象快照持久化存储，使用最新的快照以及自该快照以来发生的领域事件重建聚合对象，这样就可以减少重放领域事件，提高性能。由于可以配置较大的持久化存储空间，快照能够应用于所有聚合对象，在系统重启后也无须重建，并且应用多实例部署时，快照会被共享从而使每个实例都能获得性能提升。应用快照主要需要考虑以下问题：

- 合理配置快照间隔，避免增加额外开销；
- 聚合类的实现要对序列化与反序列化友好；
- 聚合类数据模型重构时处理快照数据迁移、重建。

（3）EventSourcing 数据模型演进

随着业务的变化，领域模型、领域事件也要做出相应的改变来响应需求变化，领域事件存储必须支持这种演进。传统的存储聚合类本身的方案通常使用数据迁移来转换数据，但是这种方案并不适用于领域事件存储，因为领域事件没有公共的 schema，在设计时一般将领域事件以 schema-less 的方式（例如序列化成一个 json 对象）存储，这将导致很难编写数据迁移脚本。此外，由于系统存储的是领域事件而不是领域对象，数据量相比传统的存储方式大得多，转换数据可能带来较长的停机时间。

在项目实施中，针对不同的场景，我们采用了三种不同的方案来实现领域事件的演进。

1）多版本共存：某些情况下，业务需求的改变会导致领域事件本身代表的业务逻辑发生变化，例如原先学生提交的入学申请中只能有一门课程，我们设计了 CourseAddedEvent，在处理新的 CourseAddedEvent 时，原有 Course 会被替换掉。但是，后来业务需求变成每个申请最多有六门课程，这时 CourseAddedEvent 的业务含义发生了改变，我们的应对方案是保留这两种版本的事件重放处理逻辑，从而保证业务的正确性。

2）运行时升级：大多数情况下领域事件的数据变化仅仅是增加、减少、移动某些字段，并不影响事件本身代表的业务逻辑。对于这些场景，我们可以通过编写 Event Upcaster，将旧版本事件在运行时转换为新版本事件供重放使用，既不需要修改持久化存储的数据，又可以将事件版本相关知识放在 Event Upcaster 中统一管理，提高代码的可维护性。

3）数据迁移：EventSourcing 的设计原则为只追加、不修改，但是在开发的早期阶段，随着对于业务的进一步了解，你可能会发现最初识别出来的聚合根或实体对象并不准确。此时，相比上文提到的多版本共存或运行时升级方案，编写数据迁移脚本直接转换数据不失为一个减少代码维护成本、提高开发效率的选项。

案例总结

系统架构的选型与设计是在多个维度约束下寻求最优解的过程，没有完美无瑕的架构模型，只有最适合业务场景和组织需求的架构设计。

相比传统的实现方式，面对复杂业务场景，使用 CQRS、EventSourcing 落地 DDD 能够带来更好的可维护性、可扩展性、可用性和可审计性。

在架构设计层面，对于 CQRS，需要平衡架构设计复杂度、数据一致性与系统可用性，在不同的业务场景下找到侧重点。对于 EventSourcing，需要在系统设计之初通过 DDD 方法与业务专家密切合作，正确识别出领域聚合根和领域事件，同时要应用合理方案进行性能调优。

开发过程中，需要重视团队能力培养，确保遵守各项设计原则来实现业务需求。

15 | CHAPTER

平安集团大企业信息管理平台技术架构选型

作者介绍

陈继 平安智慧企业协同管控产品研发负责人。多年来一直从事产品的架构设计、团队管理工作。涉足企业管理、电商平台、物联网等多个领域，在产品和业务方面有较深的理论和实践经验，先后在方正集团、用友软件、平安集团等大型公司任职。现专注于分布式系统、微服务架构、敏捷开发研究，已成功主导多个产品从 0 到 1 的研发上线，并取得了良好运营业绩。

案例综述

通过分享大型、超大型企业的信息化架构助力企业数字化转型实践案例，从客户业务痛点和技术要求等方面阐述企业切实关注的技术架构解决方案。这里的大型、超大型企业特指人数大于5000人或年收入大于十亿的龙头级企业，没有继续细分。这些企业因为规模大、组织结构复杂、业态众多，都非常渴望通过内外部自动化、智能化实现管理升级。

案例背景

某世界500强地产集团，客户方信息化建设起步比较早，但随着业务的迅速拓展且业态的增多，集团人员规模也随之快速扩张，集团信息化技术架构渐渐难以满足现状。主要体现在如下几个方面：

- 信息化起步早，目前还在采用上一代技术架构，系统老旧。
- 集团业务扩张迅速，但是系统建设模式还很陈旧，无法满足迅猛的业务发展。
- 受限于技术架构，应用设计理念落后，无法跟随主流用户体验，办公体验差。
- 应用移动化程度不足，移动门户缺失，无法满足移动办公诉求。

这些现状也给客户的信息化、数字化工作带来了很大的困扰，例如架构老化、体验陈旧、公共能力重复建设等具体痛点特征。

（1）性能难以满足需求

由于业务不断扩展，人员规模不断扩张，而技术架构无法随业务特性快速适应。在本案例中，在改造之前该集团某天发布了一条重要的公文，要求几乎全员（近20万人）在半个小时内阅读并执行，由于办公平台的访问量急剧上升，导致了办公平台协同的门户的访问量也瞬间飙升，造成服务器宕机。

（2）落后的用户体验无法满足日益提升用户期望

随着互联网C端产品的日益增多，其极致的用户体验不断提升用户的水平和期望，但原系统的体验囿于技术架构层面问题，无法快速升级、匹配。

由于系统应用繁多，而且应用之间的数据是分离的，缺乏统一集中的管理，并且这些应用中的消息和任务不能自动刷新，需用户手动刷新才会显示新任务。从具体的实例来看，集团采购部有批物料采购单已经走到了财务领导审批环节，领导上午还在公司处理公务，但是由于系统刷新不及时，财务领导并不知道这条审批单。但是，这项任务又只能由财务领导亲自审批，刚好财务领导下午就不在公司了，而且后面一段时间都不在公司，最终导致物料采购被延误，对生产造成了一定影响。所以项目方当然希望首先能解决系统自动刷新的问题，然后再能有一个专门的移动门户平台将目前所有的应用进行整合集成。另外，集团员工人数过万，组织结构复杂，办公效能也亟待提升。最后，客户对移动化办公也有较强的需求，期望移动端具备 PC、iOS、Android 多端打通的功能。

最后总结起来，客户对项目的期望就是：

- 最先解决实时刷新的问题。
- 要有统一审批的入口。
- 要有手机端统一应用的入口。
- 要有集团内即时通讯和在线文件传输功能。
- App 信息安全必须有保障。
- 另外还要能实现掌上视频会议这种远程开会的功能。

毫无疑问，最终我们漂亮地满足了项目方所有的需求，实现了 PC、iOS、Android 多终端入口，通过与客户方 OA 系统、HR 系统、财务系统、生产系统等核心系统对接，将移动门户打造成了统一协同办公平台、沟通平台、报表展现平台。

（3）公共能力重复建设，无法沉淀复用

企业因整体规划原因，各业务线建设信息化系统时，各自为战，涉及公共能力部分重复建设，造成信息孤岛的同时，也增加了重复的投资，并加重了优化及运维的成本。

以文件服务为例，企业有很多业务系统涉及文件，如常用的文件上传、下载、存储，内部发文系统中用到对文档的编辑操作，知识库（知识中心）与文档进行标签化分类，文件夹、文件的权限设置，文档的版本控制等。像这样涉及文件相关功能的操作如果都在各自己系统开发，在造成系统重复建设的同时，能力不能沉淀，而且功能覆盖的业务场景不能最大化。因此我们采用微服务架构，将公共能力组件化输出。

案例实施

1. 实施步骤

我们引入智慧企业团队的新的技术框架方案，采用了新的系统信息架构，将公共能力组件化输出，业务上也对集团原有的用户体验做出了全面的优化，从技术层面上完美解决了客户原有门户性能低下的问题，并且业务层面上也对集团原有的用户体验做出了全面的

优化，还增加了移动端的模块，大大提升了原门户的性能。现有企业门户已经可以满足十万级用户并发操作毫秒级响应要求，原有门户响应慢、频繁宕机的问题也不复存在。

下面是从技术角度对案例进行回顾，鉴于集团门户对性能有强烈需求，我们分为多个方面对性能进行优化，其中包括：

- 先优化业务逻辑，大大提高缓存的使用率。
- 采用微服务的架构。微服务架构是一项在云中部署应用和服务的新技术，它可以在自己的程序中运行，并通过轻量级设备与 HTTP 型 API 进行沟通。微服务架构的关键在于该服务可以在自己的程序中运行，所以它的优点是只需要在特定的某种服务中增加所需功能，而不影响整体进程的架构，不像许多其他服务那样，都可以被内部独立进程所限制，如果其中任何一个服务需要增加某种功能，那么就必须要缩小进程范围了。
- 采用灵活的中间件和基于分布式文件存储的数据库 MongoDB 配合系统架构。
- 采用异地多活的高性能部署方案，使得用户就近访问数据库，提升系统可靠性和响应速度，避免单点故障。再配合高性能服务器，理论上可以满足对应的性能指标。实际上在性能测试中，这样的架构已经可以轻松在部署 4 个实例的场景下，性能超过指标的 30%，项目完全能满足几十万级用户并发操作毫秒级响应要求。这样的部署在当下是很具有先进性的，系统在将来较长的一段时间内不会落伍，支撑企业不断发展壮大。

以上是从技术角度来看，从业务角度我们也通过以下 4 个方面解决用户需求：

- 构建统一的门户平台。把工作入口、待办处理中心、信息发布平台、自主学习平台、经营管理决策平台这些业务类别在门户中统一构建起来。
- 规范集成标准，融合业务。建立门户集成标准及规范，实现各应用系统的信息汇聚。
- 升级体验，重塑形象。全面提升门户的界面风格及操作体验，打造企业用户专有“办公用户体验”。
- 构建移动门户。将门户应用向移动化延伸，形成多终端一体化的用户体验，满足不同角色的移动办公场景。

2. 技术讲解

下面我来为大家讲解这个项目的技术实现。首先是自动刷新功能的实现，当时考虑了 2 种方案。

方案一：直接在后台设置定时任务，每隔 3 秒主动在应用前台刷新，但是这个设置在没有有效数据的场景下会造成非常多的额外资源消耗，同时整个界面刷新会使用户体验非常差。所以这个方案被我们否决了，最终我们采取了方案二。

方案二：让消息推送通过消息队列通知到WebSocket服务，然后WebSocket再通过与前端建立长连接推送消息内容。这样就在大大节约了系统资源的同时，兼顾了用户体验。

另外，其他技术部分的实施得益于我们产品技术架构的高扩展性能，扩展性主要体现在以下三个方面：

1）集成性。集成性主要体现在以下几个方面。

- 提供应用开放平台：应用开放平台的开放式接口可嵌入其他应用。
- 提供第三方开放应用接口：技术架构提供了丰富的API接口能力，支持基于REST API、XML、Web Service等协议接口对接，采用安全传输协议HTTPS，目前接口以JSON数据格式为主，可以方便地与其他厂家的应用系统进行数据交换和接口集成。
- 支持数据库集成、接口集成方式进行数据传递：根据不同需要，支持定期和实时数据传递方式。
- 数据集成：提供了支持通过TXT、Excel模板文件导入数据集成功能。

2）灵活性。灵活性主要体现在以下两个方面。

- 采取分功能模块的积木式设计，既可根据需要拼装组装，也可分散单独使用，使系统具有较大的灵活性。
- 客户可以根据具体要求对系统数据、功能、资源等权限进行客户化，在系统定制和查询方面具有灵活、方便的特点。

3）伸缩性。服务器异地多活部署方案，数据库采用主从备份方式。

案例总结

通过本案例的分享，与读者一同探讨龙头型企业应用的信息化架构开发实践经验，具体从技术层面及业务层面来展开论述。

（1）技术层面

- 架构是需要满足业务发展的需求，快速迭代。
- 系统能支持多种部署方式：私有云、公有云、专属云、混合云等。
- 系统具有高可用性，能支持一定量级用户的正常使用，保证数据不丢失。
- 架构具有良好的扩展能力。

- 企业公共能力支持服务模块化，可以搭积木式地构建不同的业务场景。
- 支持灰度发布、服务热插拔的部署方式。

（2）业务层面

- 统一身份管理平台，实现企业组织架构数据的统一。
- 统一的管理平台，方便企业业务的整合管理。
- 企业流程优化降本增效。
- 企业内部沟通协作。
- 通过数据湖的建设打通数据壁垒。
- 如何通过破除烟囱式 IT 架构，沉淀公共能力，搭建业务中台来实现能力的聚合。
- 如何根据业务来开展微服务架构服务拆分，探讨拆分到什么粒度、拆分服务个数等具体问题。

16 | CHAPTER

ONES 基于 SAFe 的大规模敏捷协作实践

作者介绍

冯斌　ONES 联合创始人、CTO。EXIN DevOps Master 系统分析师，中国信息通信研究院《研发运营一体化（DevOps）能力成熟度模型》编写专家。曾就职于金山软件、网易邮箱、正点科技。TGO 鲲鹏会成员，珠三角技术沙龙深圳组委会成员。

案例综述

随着敏捷开发的普及，各类敏捷管理方法已被业界充分实践。但是，在数百人或千人级别的研发团队进行协作时，简单地复制小团队的敏捷方法会遇到诸多问题。

SAFe 作为一种支持大型研发团队敏捷落地的方式，重新定义了可扩展的敏捷框架模型，同时也降低了大型团队管理的复杂性。

案例背景

ONES 项目开始于 2016 年，专注于企业级研发管理工具。ONES 的产品研发团队经历了三个发展阶段，分别是初创期、产品 Demo 时期、成长期，每个发展阶段都对应着不同的团队管理方式，以适应不同的产品研发需求。

（1）初创期：小团队协作——个人物理看板

ONES 的初创阶段，研发团队只有几个人，工作内容相对少，也没有具体的数据需求。这种情况下使用一个简单的物理看板即可满足团队的管理需求。

（2）产品 Demo 时期：15 人规模团队协作——引入 Scrum

当产品 Demo 完成时，团队扩展到了 15 人左右。像大多数技术型公司一样，在这个阶段 ONES 引入了 Scrum 的模式组成两个小组，两个迭代同时开发，并建立了 CI 等基础设施以完成基本研发流程自动化。这个过程中我们是使用 ONES 自身的工具来进行 Backlog 和迭代管理的。

（3）成长期：50 人规模团队协作——多个 Scrum Team + 矩阵式架构

随着公司业务快速发展，研发团队扩张至 50 人规模，ONES 的 Scrum Team 增加至 6 个，兼顾业务效率与职能效率。但简单复制 Scrum Team 会有很多弊端。

- 部门内目标对齐与沟通的问题：可能出现局部改进，信息传播效率低。
- 部门间目标对齐与沟通的问题：各部门看问题的角度与价值差异，如何确定全局最优。
- 度量能力缺失的问题：缺少度量手段和方法，如何确定改进方向。

团队之间的协作效率会因为更多复杂因素而受到不同类型的制约。ONES 是一家企业服务公司，会有产品部门、销售部门、市场部门等，每个部门看问题的角度不同，就会出现价值上的偏差。此外，除了各部门间沟通的问题，还会有度量层面的问题，因为项目发展到一定阶段后，需要大量的数据作为支撑来进行产品的优化、性能的改进，如果没有一个度量手段作为监督，就很难确定这个改进是否真正地达到了效果。

大型团队的基本管理需求是：

- 各个敏捷小组需要定期沟通整体业务目标。
- 业务、产品、技术等各类任务需要统一制定优先级标准，业务效率优先，兼顾职能效率。
- 有效的量化方法。

面对这些问题和需求，我们需要引入一个更为有效的大规模敏捷方法，因此我们选择了 SAFe。

案例实施

SAFe 的一个核心理念可以概括为“分层”。Scrum Team 即团队层，多个 Scrum Team 组成一个项目群（ART），多个项目群组成一个解决方案（SRT），多个解决方案组成一个投资组合（Value Steam）。

由于 SAFe 内容比较多，本次我们重点来探讨一下 SAFe 的下面两层，也就是 Essential SAFe 的部分。

ONES 主要应用了 Essential SAFe 的部分，在这里讲几个具体实践。

1. 引入 PI（项目群增量）会议

对于企业服务公司来说，通常每个月或每季度都会召开需求会议，研发、业务等各个部门的负责人一起讨论这一段时间要做哪些需求。PI 会议的性质与其类似。PI 会议中有 4 类角色。

- BO：最终负责人。
- 所有小组 PO（而不是所有人）。
- SA 小组（表达技术改进诉求）。
- 利益相关者（例如销售部门）。

在 PI 会议中，我们最主要要做的事情是对齐目标和确定各部门全部需求的优先级。对于每一个需求，不同部门都会有一个属于自己的看问题的角度，在这个时候我们可以将这些角度进行处理，最终用优先级去表达。在 SAFe 的框架下，有一个 WSJF 的概念去确定优先级。WSJF 即加权最短作业优先，官方公式为：

$$\text{WSJF}=\frac{\text{用户/商业价值+时间关键+降低风险/促成价值}}{\text{作业的规模大小}}$$

但 ONES 在应用的时候，考虑到实际的情况，对公式进行了一些调整。ONES 的 WSJF 公式为：

$$\text{WSJF}=\text{延迟成本+产品/技术价值/故事点}$$

在官方公式中，分子主要指团队的产出，分母主要指成本。但我们在应用时，通过思考对产出价值的影响维度确定了两个指标，一个是延迟成本，一个是产品技术的长期价值。

如果一个需求这个月不做而放到下个月做，这中间的收益差距我们称为延迟成本。产品技术的长期价值是指如抽象整个产品的思路、改进技术架构等的实际价值。

使用 WSJF 时需要注意以下几点：

- 按实际需要调整加权计算内容。
- 工作项规模不应该有太大差距。
- 对于无法直接量化的内容，应该使用“敏捷估算”的方法确定数值。

2. 引入 PI 回顾会议

我们引入一个计划会议的同时，还要引入一个回顾会议，以便总结计划的执行情况。PI 回顾会议类似于敏捷中的迭代回顾，需要演示已完成的功能，收集反馈并将问题加入 Backlog 中在下一次 PI 会议讨论。

3. 加入新角色，调整组织架构

在 PI 会议中我们引入了一些经典敏捷或者 Scrum 中没有的新角色。那么这些新角色在组织架构中的位置是怎样的呢？

组织在几十人的时候，我们推荐采用矩阵式结构，每一个业务组本质上是一个迭代小组。为了让大家在能力上有所提升，可以设计横向的职能组。

那么在引入 SAFe 后，Scrum Team 是没有变化的，到了 SAFe 第二层的时候才会出现新的角色，这些角色的职能上下级关系如图 16-1 所示。

4. 度量

刚刚我们主要讲了 Essential SAFe 的三个重要实践，其实在 SAFe 的整体落地中还有两个很重要的方面，分别是“度量”和“DevOps”。

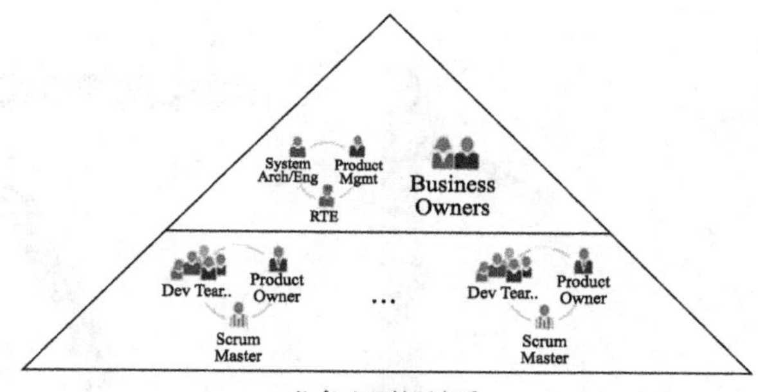

业务上下级关系

职能上级	职能下级
业务负责人	产品负责人
流程管理	Scrum Master
产品管理	产品经理
系统架构	工程

职能上下级关系

图 16-1　引入 SAFe 后的上下级关系图

关于度量，非常重要的一点是一定要使用工具。如果没有工具帮助我们结构化地存储工作数据，我们的工作成果就很难量化，这会让工作效率大打折扣。

ONES 使用自身的研发管理工具进行度量以及可视化呈现。我们主要关注端到端的数据，包括客户满意度、特性前置时间、软件发布质量等。

5. DevOps

DevOps 的概念非常大，我们在这里着重来谈自动化。自动化主要有两点优势，一是能够尽早发现问题，降低复杂度，二是可以进行更有效的质量内建，创建自动化测试流程，并应该坚持自动化用例执行率 100% 才算成功。

案例总结

- SAFe 是经典敏捷思想在大型工作上的使用方法，解决了 Scrum 没有关注的目标沟通对齐问题。
- 随着新角色的加入，组织结构要做相应调整。
- 无论是否引入 SAFe，都应该通过工具加快信息流动与度量效率。

其实 SAFe 与 Scrum 还有其他敏捷经典理论在本质上是没有冲突的。SAFe 强调要快速进行流程推进，所以还是需要强调一下工具的重要性。因为工具能够帮助实现流程以及数据的结构化，结构化之后还可以实现将这些数据输出并聚合到数据中台。工具的引入可以固化整个流程，因此项目的推进效率就会随之变高。

17 | CHAPTER

微保在敏捷研发管理中的实践

作者介绍

郭晓辉 微保质量中心总监，资深项目经理，资深测试工程师。曾就职于腾讯和百度，从事质量和项目管理工作。2017 年加入微保，从零开始组建测试和项目管理团队，建设微保的质量保证和项目管理体系。帮助微保在业务快速发展的同时，顺利开展各项业务，严格把控产品质量。在质量管理、系统测试、测试开发、持续集成、敏捷研发管理等方面积累了多年经验。

案例背景

（1）互联网保险的机遇与挑战

机遇：2018 年中国保险行业保费全球第二，保险深度（保费 /GDP）4.57%，全球排名第 36 位，保险密度（人均保费）全球排名第 46 位。中国保民意识逐渐提高，保险市场的增速超过 20%。互联网保民累计 2.2 亿用户，保民年龄年轻化，首单投保年龄平均为 28.7 岁。中国的保险行业仍有很大的发展空间。

挑战：2017 年～2018 年监管从严，对违规开发产品，偏离保险本源，挑战监管底线的行为，做了明确、严格的规定，让野蛮生长的保险行业回归第一性保障原理，确保行业更加健康的发展。

互联网保险相比传统保险的优势在于保费低、投保便捷、理赔方便、保单管理容易。但保险流程依旧很复杂，涉及续保、退保、理赔、定价、风控等环节。对用户来讲，产品难懂，学习成本高，保单常常厚得像一本书。诸如此类的问题，都为产品的开发和运营工作带来非常大的挑战，需求不断变化，新需求被识别，变更成为常态。为此，保险行业需要配套合适的敏捷研发管理，才能确保业务稳定发展。

（2）微保面临的挑战

微保 WeSure（以下简称“微保”）是腾讯控股的首家保险平台，携手国内知名保险公司为用户提供优质的保险服务。2017 年 11 月 2 日，首款“百万医疗险”上线微信钱包九宫格。在其后的两年中，微保凭借高效敏捷的研发管理，已经与 24 家知名保险公司合作，携手打造了 20 多款定制、严选的保险产品。

微保在过去的两年中，主要面临来自内部和外部两方面的挑战。

- 内部：如何确保正确的业务方向，管理好股东预期，组建团队，搭建基础，设置合适的业务组织架构，确定产品承载形态，在支持业务的同时，不断完善技术架构，解决技术债务。
- 外部：如何与腾讯生态深度合作，如何处理好与保险公司的关系，确保业务符合监管要求，如何打磨产品，确保用户对保险产品充分理解，如何做好用户教育，如何与友商竞争。

早期我们希望打造一款爆款产品，但实际用户的保险诉求是丰富多样的，因此业务也随之进行了调整。考虑到保险是低频产品，借助小程序的崛起，我们采用了小程序来承载产品。在产品介绍上，反复打磨文案几十次，力求向用户讲明白保险产品的特点、责任、投保条件等。此外，还投入了用户教育内容板块，帮助用户学习保险知识，更好地为自己和家人购置保险。这些都是微保在创业期间需要不断优化和解决的难题。本文更多从项目管理角度出发，探讨研发项目管理在微保的敏捷落地，对一些关键问题的思考，以及解决这些问题的经验和教训。

案例实施

1. 微保的敏捷历程：适应“需要”，完善敏捷

按照组织在不同时期的需要，微保的敏捷研发管理大体分为形成期、震荡期和规范期这三个阶段。

（1）形成期

此阶段指的是从团队组建到迭代上线。在搭建基础，启动内部迭代，发布上线的期间，组织需要解决的问题是，做好风险管控的同时，高效的协作。

2017 年 5 月初，技术与产品团队大概有 50 多人，那时正处于基础搭建阶段，虽然每个人都有事做，但是大家既没有节奏也没有目标。为此，我们召集骨干反复讨论并获得高层批准，定下目标：完成一个可以体验的产品雏形，以车险投保全流程走通为初期目标，定义迭代节奏、产品 story 模板、状态迁移等流程和规范。

从此大家真正的开始协作起来，团伙变身团队，从需求到设计，从开发到测试，从迭代到上线，各个环节都明确了过程和交付物。虽然期间也不断地“踩”各种“坑”，包括来自小程序本身的“坑”、来自保险公司上下游耦合的“坑”等，在这样“边踩坑边填坑”的过程中，底层系统逐渐完善和稳定起来。经历 6 个月的内部迭代，2017 年 11 月 2 日微保首款产品“百万医疗险”正式登录微信九宫格，迭代 1.0 正式发布。首款产品以流畅的投保体验和产品特色征服了用户，在保险行业引起了巨大的反响。

（2）震荡期

随着业务的发展和团队的扩张，产品线迅速增加，项目开始出现资源匹配不均和争夺、不同项目间重复建设等情况。这期间组织需要解决的问题是：找到适合多业务并行的项目管理方法，顶住业务压力，解决因此产生的技术债务，确保资源投入到正确的项目上。

基于此，我们根据实际情况，做了多轮研发流程优化，在优先级、评价标准、评价机制方面做了较多的优化和探索。在存量产品已经不少的情况下，新项目的展开也受到了集

团审核的挑战。如何确保新业务与存量业务不冲突？新项目的长期用户价值是什么？长期赔付风险如何考虑？保险服务质量如何保障？产品战略布局如何思考？这一系列问题都有待解决。针对这些问题，我们有以下三方面的经验：

1）在研发管理工作上，着眼于让有限的资源投入到更有价值的业务上，工作的重心由初期主抓进度和质量逐渐转变为聚焦产品价值、人力和成本上。

2）在迭代节奏上，我们从最初的双周迭代，一步步转向现在单双周兼有的敏捷迭代，并不断回顾不同项目特点，选取适合的迭代节奏。

3）审核线流程优化，除了规范化审核材料以外，不断梳理审核要点，建立沟通机制和通道，建立高管内审的机制，保证审核工作的顺利展开。

（3）规范期

2019 年起，我们开始不断优化和完善形成期和震荡期的 5 个关键问题，尤其是在如何确保做正确的事情方面。

早期的研发管理工作仅关注封版后的过程，到规范期后，项目管理工作开始全流程管控。通过严格的立项准入机制，项目管理工作从最初的特性封版到上线，转变为从思法产生即介入，全流程关注并透明进展，确保项目符合进度规划。

立项，成为研发项目管理初期的最关键环节。立项的意义这里不赘述。实践中立项经常会被业务需求方抵触，这不可避免，因为立项会带来工作量。所以，此时需要做好引导工作，且让机制配套，尽可能简化流程，完善立项 checklist，帮助团队和组织更好地完成立项工作。规范的立项可以让团队对齐项目价值，明确可能的风险和投入，确保团队最初的投入是正确的。

2. 敏捷闭环，环环相扣

微保的敏捷工作一直是围绕需求环和研发环这两个闭环展开的。

（1）需求环：做正确的事情

需求环主要解决需求问题，起点是需要，包含市场或用户的需要、业务布局的需要。需要往往是不清晰的，需要团队一起进行不断的讨论，才能确定好目标。目标包含条款、保险费率、合规要求、投保条件、产品定位、保护目标人群等。在确立了目标才是产品的方案开发和形态确认，交付物是明晰的需求。需求经过评审获得大家一致的理解和确认，然后才可以进入研发环。

（2）研发环：把事情做正确

进入研发环后，需求是明确的、可执行的，包含架构设计、编码开发、保险公司联调、功能及系统测试、性能测试、发布验证和体验验收。在该环节，要上线配套的监控和数据报表，为决策层提供决策支持，如有缺陷，则修复改进后再发版或再迭代；如根据报表发现业务存在设计问题，或不符合用户需要，则进行特性调整，进入轻量级需求环。通过重复迭代，不断完善产品。

在展开项目管理的时候，我们遵循敏捷（Agile）增量迭代的原则，采用 Prince2 强调的原则和流程框架，再结合 Scrum 的实操，形成微保自己的敏捷套路。

为保持需求信息一致性，我们使用 TAPD 来承载微保敏捷实践中的需求管理和实现。每个月有 900 个以上的 story 通过 TAPD 来进行生产和流转，线上和线下问题的跟进也通过 TAPD 来进行跟进和管理。

通过梳理，不断优化敏捷闭环中各个阶段的工作，微保 C 端产品的发布频率从 2018 年平均每月 22 次，提高到 2019 年的平均每月 39 次，效率提升了 77%。

3. 增量迭代和关键环节管控

（1）敏捷的核心

微保的敏捷核心是增量迭代交付，满足组织的需要，管控关键环节，解决业务问题。

短周期增量迭代指的是我们有单周迭代、双周迭代以及紧急发布等几种更新方式；关键环节是指立项环节、启动流程、内外审流程，以及封版等重要环节。

我们的迭代和大多数互联网产品一样，采用流水形式。这对团队的配合要求极高，同一时间不同角色、成员需要并行多个迭代。但流水形成让产品获得了更快的交付能力，能够及时调整，符合敏捷的思想，可满足组织和业务的需要。

（2）组织的需要

回顾前文提到的 5 大类问题，其实就是组织对研发管理有如下 5 类需要。

- 高效协作：通过流程机制让互动更主动、更有效、需求质量更高。
- 顶住业务压力：一开始即做测试环境、迭代环境建设，包括持续集成等。采用微服务，尽量复用，要考虑通用性与平台化。
- 做好风控：除常规的法务、政策和业务安全检查机制外，要做好变更管理，确保变更的有效性、必要性且风险可控。

- 线上服务质量：解决技术债务、可测性、重复建设、监控不完善等问题，确保线上产品的质量。
- 做正确的事情：通过价值立项、审核、全链路把控、深度复盘，确保每个环节的交付质量和时效性，确保在执行中不偏离正确目标，总体风险可控。

这里选取 5 个典型且容易被忽视的关键点分享给大家。

团队协作：流程帮助团队更有效地沟通协作

初期因缺少流程，迭代无法有效进行，因此我们围绕产品需求，制定了项目迭代的流程，用 TAPD 把整个需求管理支撑起来，经过反复推敲，为产品迭代过程规划了 7 个关键状态，形成了模板与机制，并明确了各角色的工作职责。

对于需求的沟通漏损问题，我们强调双向沟通。除了产品人员向技术团队澄清需求以外，开发和测试人员也要进行需求反澄清。在多需求优先级无法判断的情况下，引入需求预审、排期等关键会议，确保信息在初期能够充分的透明。

不要忽略体验的验收，验收工作也非常重要，这是产品与用户见面之前的最后一次纠错机会。全面质量管理倡导全员参与，保障产品质量，不应完全依赖测试团队。

有一个真实案例，某次开发团队把一个 30 万元保额的文案说明配成了 20 万，在上线之前被一个经验丰富的保险人员发现，避免了问题遗留到线上。

之后，我们对此类线上问题进行了复盘，建立了验收机制，让更多的角色参与线上验收，形成了固化的验收机制，以避免类似问题的再次发生。

需求质量低：尝试寻找深层原因

在一段时间内，需求质量成为引发技术团队和产品人员冲突的矛盾点。我们尝试评价最好的需求和最差的需求，企图通过树立标杆，让需求都变得清晰、稳定和完备。虽然做了充分的推演，但当评选真正落地时，我们才发现评价成本非常高，除了部分技术人员不愿意去评分以外，不同业务的技术评分标准也很难统一，这导致评分最低的产品人员有非常大的抵触，最终评分计划宣告失败。

需求质量问题的本质是什么？考虑得不完善、不充分。于是，我们回归问题本身，以问题为导向，尝试就事论事地改进。倡导大家进行迭代总结，不再要求需求清晰、稳定和完备，只求需求能够充分被理解。通过这样的措施，化解了需求质量问题带来的冲突和矛盾。

具体来讲，有以下三点。

- 迭代复盘：发版之后，项目经理按需组织大家聚在一起，互相提建议，讲讲如何改进。把问题摆在台面上，大家都很容易理解问题出在哪里。当然，只提建议治标不治本，需要引导大家一起思考，形成可落地的、达成一致的改进方案。

- 需求的澄清和反澄清：团队往往没有意识到做这件事情的重要性，这就需要项目经理介入来推动了。技术团队（开发和测试）要进行反澄清，开发人员要将 story 分解成 task，测试人员需要组织用例评审过程，进行反澄清，以确保产品、开发、测试对需求理解的一致性和完整性。在澄清的过程中，也可以对未考虑到的问题进行识别，有效地减少进入迭代以后的变更。
- 加强沟通：尝试去度量业务的需求质量是无意义的，更多要以目标为导向，与团队成员互相沟通，解决需求一致性和需求完善的问题。需求质量低的根源往往来自高层，常见原因是时间紧张导致需求考虑不完善。项目经理也需要和产品、技术团队一起，理清投入和产出，管理高层预期。

变更管理：推动变更的合理化

变化是客观存在的，业务复杂、时间短考虑不周、市场变化等都会导致需求的变化。但有时变化可能是主观的，需求的提出者并没有想清楚为什么要变，甚至高层决策者自己也没有想清楚。团队往往也很难给予决策者充分的决策依据。

这时，变更管理就显得格外重要。为了确保信息的一致性，需要强调变更评审这一非常重要的环节。变更记录需要同步到 TAPD，以便未来维护。当团队内部认为变更会带来风险，就需要进行例外管理，将问题上升至研发总监、质量总监以及产品总监层面。如果这个层面还没法达成一致，可能还要继续上升。在将问题上升前，需要准备充分的变更决策依据，倒逼团队把问题考虑得更清晰。这样就可以确保变更是有效且有意义的。有时候大家在讨论如何上升的过程中，反而得出了一致的结论。

在进行变更管理的时候，难免会遇到产品和开发产生冲突的情况，此时就需要项目经理进行一定的引导。实践中最有效的两个原则如下：

- 帮产品争取合理的变更。
- 帮开发挡住不合理的变更。

不合理的变更带来的风险和成本较高，要经过充分讨论，让有话语权的干系人做正确的、准确的决策。

产品可测性差：复杂上下游环境，多系统耦合

可测性问题目前在行业里被提及的还不够多，这有点遗憾。可测性低，测试场景就难以构造，测试就只能依赖于开发搭环境、造场景，效率低下。事实上，从一开始，测试团队就应在可测性方面投入人力。当然，可测性的工作也离不开开发人员的支持和配合。

我们以车险案例为例，传统的车险需要自己构造数据，然后将数据上传中保协系统，再提供给测试。测试数据就像验证火柴能否被点燃一样，必须要划一下，但划一下后火柴就没了。同样，测试数据也非常稀缺，严重阻碍测试进度。

为了解耦保险公司，我们投入测试和开发人力联合做mock，梳理了测试数据流转的各过程及其可测性需求，在线上线下环境都支持了虚拟保险公司的mock服务，并对业务数据做了逻辑隔离，处理了上下游环境，解决环境过于复杂的问题。此番操作后，测试数据构造变得非常简单，可以构造不同车型、不同价格、不同年限、不同责任的投保车辆。测试效率得到极大提高，且拥有了覆盖率为100%的异常测试场景。线上的虚拟保险公司mock基本解决了线上验证需要找真实用户的问题。

做正确的事：全链路管控

"这个需求很简单，怎么实现我不管，老板明天要看到"，这样的段子经常被技术同学拿来调侃，其实，这是业务团队顶不住老板压力的无奈写照。微保的产品，从产生idea到上线的过程中，也存在类似的情况。

一款新的保险产品，要经历市场调研、保险公司合作、形态确认（费率、投保条件、保险责任、文案说明、风控设计）、设计交互、需求细化等环节才能真正进入开发阶段。开发和测试阶段往往在整个产品生命周期中仅占很小的一部分。

在一个产品的生命周期中，中间点是SFM（需求封版会议），往前即需求环，往后即研发环。需求环往往耗时较久，导致产品的迭代周期看起来很长。因此，如果我们初期没有做好需求环的管控，那么业务团队将无法给出合理的时间估计，这也是"需求排不上""研发效率低"背后的原因。

我们结合过去的项目经验，与业务团队深入分析，归纳整理出项目全周期中的关键节点。对各环节的合理时间进行预估，并将其整合成工具提供给业务团队，帮助业务团队更好地管理高层干系人的预期。与此同时，也避免了产品开发中的反复变更，让产品的生产过程更加可控。

案例总结

微保的敏捷就是在不断地满足组织需要的过程中，让敏捷的各环节能够高效地运转，确保整体的高效交付。

- 通过定规范，做研发复盘，让"团伙"变成团队，组织高效协作。
- 通过建平台，使用开源组件开发通用框架，做好向上管理，顶住业务压力。
- 关键环节引入风控检查点，做好变更管理，整体把控住风险。

- 基于技术专项、持续集成、可测性等工作，技术债未增加，没有导致严重线上事故。
- 通过抓立项、全链路管控和业务复盘，确保项目一直是在做正确的事。

回顾敏捷闭环，我们过去做的事情和未来一直需要做下去的仍是两件事：做正确的事和把事情做正确。与此同时，还有一个隐含需求，就是快。

1）协助组织做正确的事，并且在过程中确保一直在做正确的事。

- 价值立项：充分评估项目价值，确保项目值得做。
- 聚焦业务：减少业务重复建设，推动业务统一规划。
- 深度复盘：传承经验教训，避免反复试错和高成本试错。

2）推进业务需求的落地，并高效地交付和反馈，帮助组织实现业务价值。

- 度量体系：过程结果透明、可控，问题得到优化。
- 持续交付：CI/CD 成熟度、自动化、UT 投入等。
- 技术债务：监控、平台化、规范化、容灾降级等。

18

18 | CHAPTER

除敏捷实践外，58 到家项目管理还能做什么

作者介绍

杨杰　58 到家项目管理专家，负责到家集团研发效能体系建设，主导搭建了效能指标平台及项目管理工具 DJOY 3.0 升级换代，为团队自驱持续赋能，提升团队氛围及过程效能。

案例综述

对于一个项目管理流程已落地的200人技术团队，因业务需求的多变性和团队人员的不固定，敏捷实践无法全面推广。这种情况下，我们该如何提升交付能力，如何提升团队效率？本案例将为大家带来，58到家如何通过“流程与工具搭配，制度与奖励结合”，在未引入敏捷实践的情况下，做到将人效提升60%，需求周期缩短50%。希望通过本案例的分享，能给目前在项目管理和效能改进方面处于迷茫和瓶颈期的朋友提供一个可参考、可借鉴的方向，从而挖掘出一条更适合自己团队的研发效能改进之路。

案例背景

58到家是一家创业型的企业，自2017年集团化后，业务、团队都进入了快速扩张期，对于团队来说，当时的状况主要体现在以下四个方面：

1）业务快速扩张，原有业务持续升级迭代，增加了很多创新业务，产品、业务团队都有自己的目标和方向。然而，优先级经常不明确，技术资源调配不合理，最终的结果是，产品通过需求评审占领了资源，但往往做出的结果不符合公司需求。

2）从组织来说，我们的组织架构都是以职能为单位的。这是一个很普遍的划分方法，我们经常听到后端研发部、无线研发部、测试质量部等，这样的划分形式。但这么做的结果是，我们在做项目开发时，资源一直是流动的，持续、频繁地调动。对于资源利用率较低的企业来说，往往会出现拆东墙补西墙的窘境。

3）团队快速扩张带来的问题就是团队对流程认知的不一致。每家企业都会有自己的流程风格，大家进入一家新企业后往往都需要一些时间来适应。当有大量新人进入企业时，将新人的流程认知拉平，是第一个需要解决的问题。这样大家才能拧成一股绳，共同努力。

4）团队中彼此缺乏能力认知。在新的团队中，大家相互不熟悉，各项工作都会做得相对保守，效率很难提升起来。

案例实施

研发团队经常会把“提效”作为目标，那说到“提效”，很多人可能脱口而出的是Scrum、看板、SAFe规模化等相关的敏捷实践。但是，因为组织团队、人员能力等多方面因素影响，敏捷实践往往没有理论中想象的那么容易实现。那么在这种情况下，对于团队 Leader、项目管理者来说应该做些什么呢？

在介绍具体实践之前，首先回顾下当时 58 到家的背景情况。58 到家自 2014 年成立至 2016 年，基本处于平稳发展期，整个技术团队由 40 多人逐步成长到 100 人。2017 年是个转折点，到家集团化，拆分出了“58 家政”“快狗打车（原 58 速运）”“58 到家平台”三大子公司，业务复杂度迅猛提升，技术团队也由原来的 100 人快速扩充至 400 多人，随之而来的就是团队、项目管理难度的飞跃式提升，在组织人员能力、需求交付流程、团队效率等方面出现了一系列的问题：

- 多业务支持，优先级不明确。
- 人员能力不熟悉，评估不准确。
- 流程认知不一致，组织氛围不好。

基于以上背景，我们是如何一步步解决痛点，走上“高效”之路的呢？我将通过三个实践来为大家一一介绍。

1. 梳理流程、沉淀工具

在团队快速扩张，各项工作混乱的状态下，我们把“求稳”作为第一个突破点，梳理了所有的流程和规范，包括需求交付的整体流程、现有工具使用流程、部门之间的沟通协作流程等，并通过培训宣导的方式，让大家在日常工作的流程规范上形成统一认知。在流程梳理的同时，我们将一些通用的模板、工具整理输出给大家，辅助整体流程规范的落地，提升一线员工的工作效率。

在完成流程、工具的相应宣导后，为了大家能够快速熟悉、掌握流程，保障规范的落地，PMO 小组以项目经理的角色入驻到重点项目内部，跟进所有重点项目的规范执行，维护过程的稳定性，最终保证项目按质、按量、按时完成交付。

在完成实践一的落地后，团队基本可以有序地完成需求从接入到交付的全过程，但我们发现其中存在一些非重点项目在大家心目中的重视程度不够，PMO 小组也没有细化跟进，因此还是会出现一些不稳定的情况，比如需求延期、出现线上事故等。同时也收到产品团队的反馈，整体技术团队的月均上线需求数呈下降趋势。我们内部总结后发现，因为流程规划落地中添加了一些卡控流程，比如引入了需求预评审、详设评审、提交测试必须经过冒烟测试等，导致了我们过程中的成本增加，不过最终的结果中这些都是应该有的，所以为了解决这两个问题，我们制定了实践二。

2. 组织升级、交付模式演进

(1)组织升级

1)人员培养，每周 3 小时例行全员“必知必会”培训。

- 通过技术架构能力、通用素质、项目管理技能等方面的培训提升员工的综合能力。
- 进行业务分享，让大家对业务都有足够的认识，使团队的目标、方向更清晰。
- 讲解工具平台的使用、工作中必知必会的技巧，提高整体的工作效率。

2)责任机制，培养团队责任感和管理思维。

- 项目负责人机制：由研发人员担当项目经理职责，保障项目交付。
- 模块负责人机制：持续关注线上模块健康度。
- 季度盘点，对优秀项目、优秀项目负责人进行奖励，保障机制闭环。

3)持续优化团队，打造精兵队伍。

(2)交付模式演进

前期小团队单项目作战，一直以小瀑布模式进行需求交付，这次演进主要是在原有方式的基础上添加了并行的阶段，在需求进入测试阶段后并行进行下一版本的需求评审和技术详设，缩短下一版本交付周期，从而提升整体交付效率。

实践二推进后收益非常明显，项目负责人机制使所有项目做到自驱管理、稳定交付，模块负责人机制保障了线上服务的稳定性，交付模式演进在缩短交付周期的同时，促使研发人员提升研发质量，缩短 Bug 处理时间，整体达到稳定、高质、高效的交付状态。

3. 系统升级、持续改进

在实践二完成落地后，团队整体已经达到稳定、高效的状态了，于是我们开始寻找新的突破口，保障团队能够在保持稳定的基础上持续提效。接下来我们的方向主要放在线上工具升级建设上。

(1)升级项目管理系统，做到全自动化与可持续交付

升级原有项目管理系统，在原有系统基础上扩展相关工程化实践，使研发人员除写代码外的其他操作都可以线上自动化完成，提交代码后一键即可进行编译构建。通过自动化工具，研发人员可以通过 Sonar 的自动化检测提升代码规范性，代码 review 及单元测试帮助研发保障提测质量，一键测试部署减少测试同学的部署成本，Dockor 与 Kubernetes 容器化解决环境冲突问题，用例管理、接口测试提升测试效率，等等。

目前系统中大部分功能已经实现，小部分还在优化升级。我们坚信“磨刀不误砍柴工”，通过工具系统保障开发测试运维一体化、自动化的情况下，我们的整体需求产出和人员效率会再次得到跨越式的提升。

（2）度量体系建设

前面我们提到过很多次效果和改进，但我们是如何判断我们做的事是否正确的，又是通过什么来制定我们下一步的改进目标的呢？接下来我来介绍一下 58 到家的度量体系。

我们从 2017 年其实就开始开展了度量相关的工作，当时是通过线下手动记录、人工汇总分析的方式进行的，PMO 收集项目进度和人员投入，质量保证人员收集需求过程 Bug、线上 Bug 和故障数据等，最终汇总补充数据分析形成质量月报。从 2018 年开始，系统工具的建设逐步完善，我们也慢慢将度量线上化，不断地提取新的指标，组合新的数据，多维度地体现研发团队各方面的现状情况，最终形成了如图 18-1 所示的体系化的度量平台。

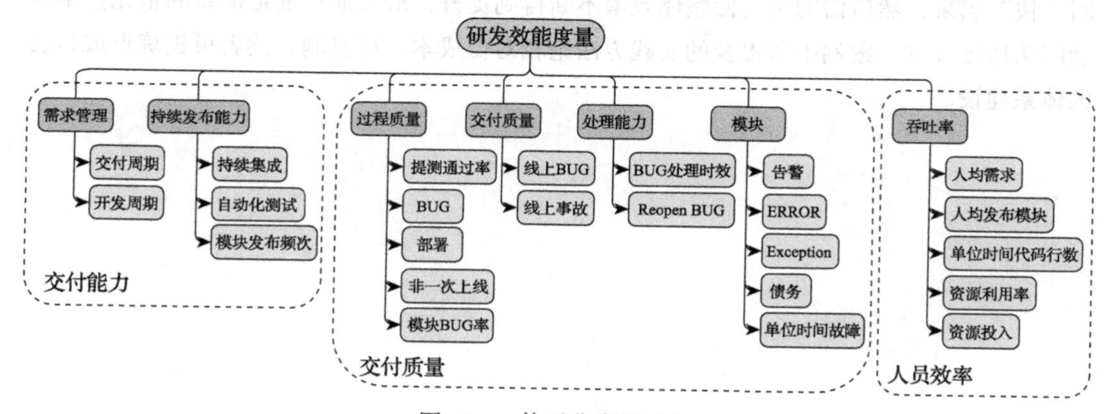

图 18-1　体系化度量平台

整个度量体系主要体现在“交付能力”“交付质量”“人员效率”三个方向，以月为单位输出业务线、团队、人员等多维度的报告分析。接下来介绍一下我们在度量改进方面的最佳实践，我们会在每月月初结合上月的报告分析举行度量数据回顾会，由团队 Leader 参加，其主要环节如下所示。

- 会前准备：各部门透过数据现象挖掘存在的主要问题，分析问题原因，制定当月的改进目标和改进方案。
- 会议议题：各部门回顾上月数据情况，分析出现问题的原因，并对上月目标达成情况及改进方案落地情况进行说明，分享当月改进目标及改进方案；目标达成且有最佳实践可沿用推广的团队进行方案分享。

方法其实很简单，难得是持续地进行改进，我们通过持续的改进和回顾，结合线下流程规范、负责人机制推广，线上自动化升级、可持续交付，在近一年的时间里得到了显著的效果反馈，这里分享几个成果数据。

- 过程质量：经过持续关注和改善，需求过程 Bug 做到每日清空。
- 交付周期：需求交付周期缩短了 50%。
- 人员效率：研发人员效率提升了 60%。

案例总结

本案例对于开荒型、迷茫型产研团队来说具有很多可借鉴之处。从初始的流程沉淀，使团队“稳”起来，接着通过组织升级、交付模式演进，使整体团队在“稳”的同时，不断“快”起来，然后借助工具使整体效率不断得到提升，最后通过度量体系的量化抓手驱动团队持续改进。案例中所提及的实践方法论相对低成本、可复制，读者可提炼形成自己的体系建设。

19

| 19 | CHAPTER

阿里云混沌工程介绍与实践

作者简介

肖长军 花名穹谷，开源项目 ChaosBlade 负责人，阿里云应用高可用服务（AHAS）和应用服务发现（APDS）产品研发，混沌工程布道师。多年应用性能监控研发和分布式系统高可用架构经验，现专注于混沌工程领域，具备多年混沌工程研发和实践经验。

案例背景

在分布式系统架构下，服务间的依赖日益复杂，很难评估单个服务故障对整个系统的影响。请求链路长，监控告警的不完善又导致发现问题、定位问题难度增大。同时，在业务和技术高速迭代的背景下，如何持续保障系统的稳定性和高可用性是企业的一大挑战。我们知道，故障在哪一刻发生不是由我们来选择的，我们能做的就是为之做好准备，所以构建稳定性系统的重要一环是混沌工程，在可控范围或环境下，通过故障注入，持续提升系统的稳定性和高可用能力。本文会着重介绍什么是混沌工程，为什么需要混沌工程以及混沌工程相关工具与实践。

案例实施

1. 什么是混沌工程

混沌工程最早在“混沌工程理论”一文中被提出。2010 年，Netflix 的物理机基础设施迁移到了 AWS，为保证 EC2 实例故障不会对业务造成影响，其团队开发出了一款杀 EC2 实例的工具，这就是混沌工程的雏形。2015 年社区发布“混沌工程理论”一文后，混沌工程得到了快速的发展。混沌工程是在分布式系统上进行实验的学科，旨在提升系统容错性，建立系统抵御生产环境中发生不可预知问题的信心。“打不倒我的必使我强大”，尼采的这句话很好地诠释了混沌工程反脆弱的思想。

2. 为什么需要混沌工程

分布式系统日益复杂，而且在系统逐渐云化的背景下，系统的稳定性受到很大的挑战。我们从四个角色的角度来说明混沌工程的重要性。

- 对于架构师，混沌工程可以验证系统架构的容错能力，比如验证面向失败设计的系统。
- 对于开发、运维人员，混沌工程可以提高故障的应急效率，实现故障告警、定位、恢复的有效和高效。
- 对于测试人员，混沌工程可以弥补传统测试方法留下的空白。传统的测试方法基本上是从用户的角度进行测试，而混沌工程是从系统的角度进行测试，降低故障复发率。

- 对于产品和设计人员，可以通过混沌事件查看产品的表现，提升客户使用体验。

所以说，混沌工程面向的不仅仅是开发和测试，拥有最好的客户体验是每个人的目标，因此实施混沌工程，可以提早发现生产环境上的问题，以战养战，提升故障应急效率和使用体验，逐渐建设高可用的韧性系统。

3. 混沌工程实施原则

混沌工程的实施原则如图 19-1 所示。

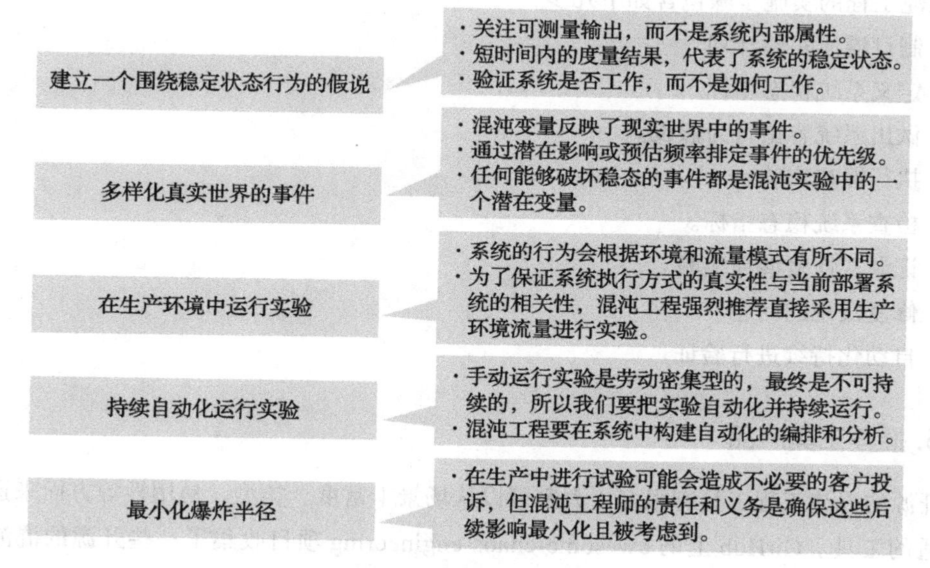

图 19-1 混沌工程的实施原则

"建立一个围绕稳定状态行为的假说"包含两个含义，一个是定义能直接反应业务服务的监控指标，需要注意的是这里的监控指标并不是系统资源指标，比如 CPU、内存等，而是能直接衡量系统服务质量的业务监控。举个例子，一个调用延迟故障，请求的 RT 会变长，对上层交易量造成下跌的影响，那么这里交易量就可以作为一个监控指标。这条原则的另一个含义是故障触发时，对系统行为作出假设以及监控指标的预期变化。

"多样化真实世界的事件"指模拟生产环境中真实的或有理论依据的故障场景，比如依赖的服务调用延迟、超时、异常等。

"在生产环境中运行实验"并不是说必须在生产环境中执行，只是实验环境越真实，混沌工程越有价值。但如果知道系统在某个故障场景下不具备容灾能力，则不可以执行此混沌实验，避免资损发生。

“持续自动化运行实验”才能持续地降低故障复发率和提前发现故障，所以需要持续地自动化运行试验。

“最小化爆炸半径”是混沌工程中很重要的一点，也就是试验影响面，防止预期外的资损发生。我们可以通过环境隔离或者故障注入工具提供的配置粒度来进行控制。

4. 混沌工程实施步骤

混沌工程的实施步骤包含如下几步：

- 制订混沌实验计划。
- 定义系统稳态指标。
- 做出系统容错行为假设。
- 执行混沌实验。
- 检查系统稳态指标。
- 记录、恢复混沌实验。
- 修复发现的问题。
- 自动化持续进行验证。

5. 推荐工具产品

开源的混沌工程工具有很多，大家可以从场景丰富度、类型、易用性等方面来选择一款合适的工具。GitHub 上的 awesome-chaos-engineering 项目收集了一些开源的混沌工程工具；在 CNCF Landscape 中，混沌工程作为单独的一个领域存在，并且收集了一些主流的工具，包含阿里巴巴开源的 ChaosBlade 工具和 AHAS 阿里云产品。

下文我将重点介绍 ChaosBlade 及其相关实践。

（1）ChaosBlade

阿里巴巴内部从最早引入混沌工程解决微服务的依赖问题，到业务服务、云服务稳态验证，进一步升级到公共云、专有云的业务连续性保障，以及在验证云原生系统的稳定性等方面积累了比较丰富的场景和实践经验。当时混沌工程相关的开源工具存在场景能力分散、上手难度大、缺少实验模型标准、场景难以扩展和沉淀等问题，这些问题就会导致项目很难实现平台化。所以我们开源了 ChaosBlade 这个混沌工程实验执行工具，目的是服务于混沌工程社区，共同推进混沌工程领域的发展。ChaosBlade（https://github.com/

执行实验。此案例直接使用ChaosBlade工具执行，当对demo-provider注入调用MySQL查询时，若数据库是demo且表名是d_discount，则对50%的查询操作延迟600毫秒，使用阿里云产品ARMS做监控告警。当执行完混沌实验后，很快会钉钉群里就收到了报警。所以对比下之前定义的监控指标，是符合预期的。但需要注意的是这次符合预期并不代表以后也符合，所以需要通过混沌工程实验平台持续地验证。出现慢SQL，可通过ARMS的链路根据来排查定位，可以很清楚地看出哪条语句执行慢。

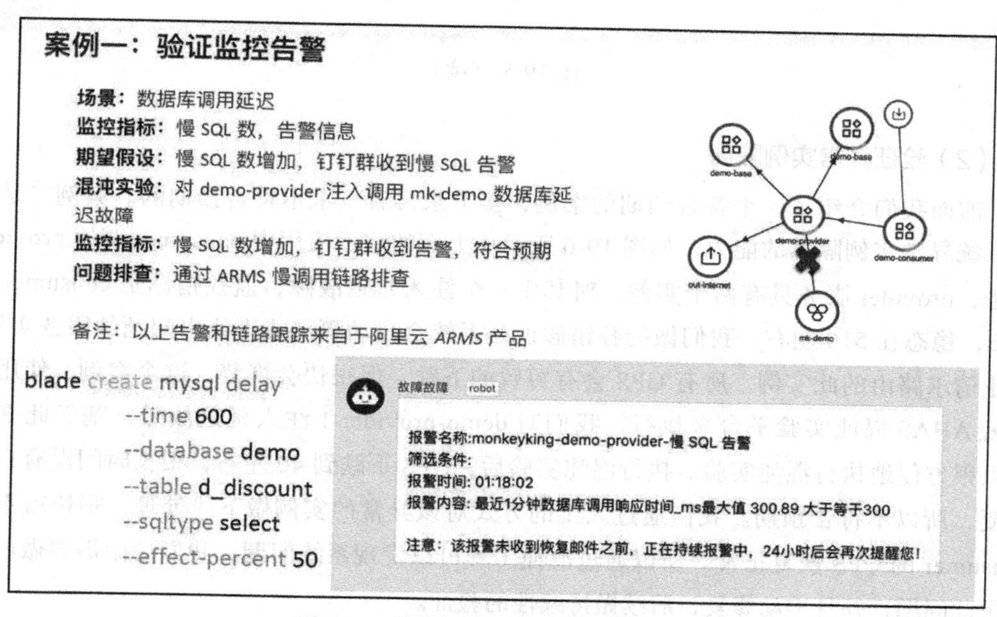

图 19-4 案例一：验证监控告警（一）

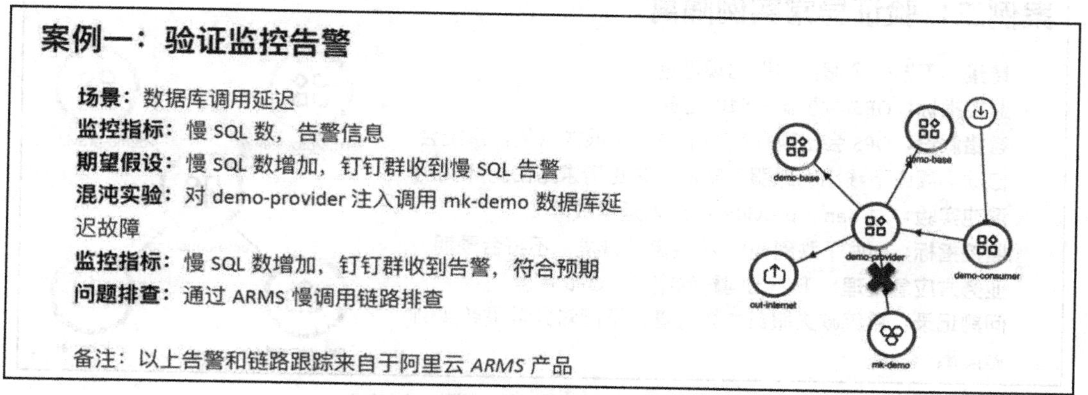

图 19-5 案例一：验证监控告警（二）

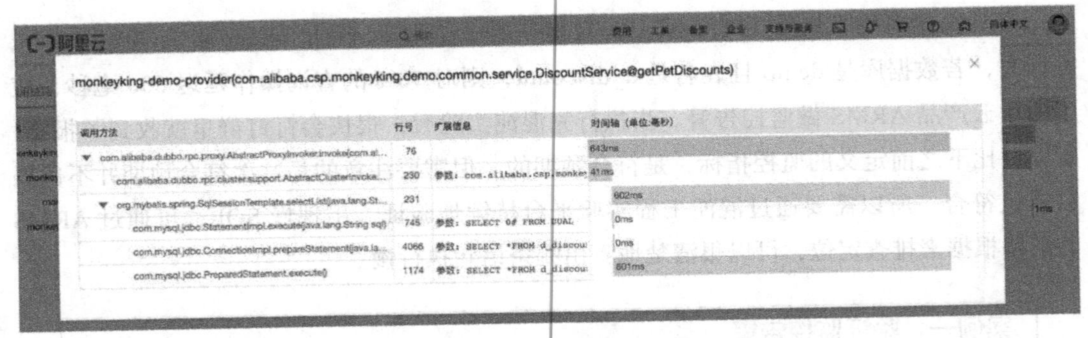

图 19-5 （续）

（2）验证异常实例隔离

前面我们介绍了一个符合预期的案例，接下来再看一个不符合预期的。案例二是验证系统异常实例隔离的能力，如图 19-6 所示。上面的演示应用中 consumer 调用 provider 服务，provider 服务具有两个实例，对其中一个注入延迟故障，监控指标是 consumer 的 QPS，稳态在 510 左右。我们做的容错假设是系统会自动隔离或下线出问题的服务实例，防止请求路由的此实例，所有 QPS 会有短暂的下跌，但很快会恢复。这个案例，使用阿里云 AHAS 混沌实验平台来执行，我们对 demo-provider-1 注入延迟故障，基于此平台可以很方便地执行混沌实验。执行混沌实验后，QPS 下跌到 40 左右，很长时间没有自动恢复，所以不符合预期。我们通过人工的方式对该异常的实例做下线处理，很快就看到 consumer 的 QPS 恢复正常。所以通过混沌工程可以发现系统问题，我们后面需要做就是记录此问题，并且推动修复，后续做持续性的验证。

案例二：验证异常实例隔离

场景：下游一个服务实例出现延迟
监控指标：QPS，稳态在 510 左右
容错假设：QPS 会出现几秒的下跌，但很快恢复；系统会自动隔离或下线出问题服务实例，防止请求路由到此实例
混沌实验：对 demo-provider-1 注入延迟故障
监控指标：QPS 下跌到 40，不会自动恢复，不符合预期
业务方应急处理：下线出问题的实例，QPS 恢复
问题记录：系统缺失服务质量检查，不能对异常服务实例做隔离

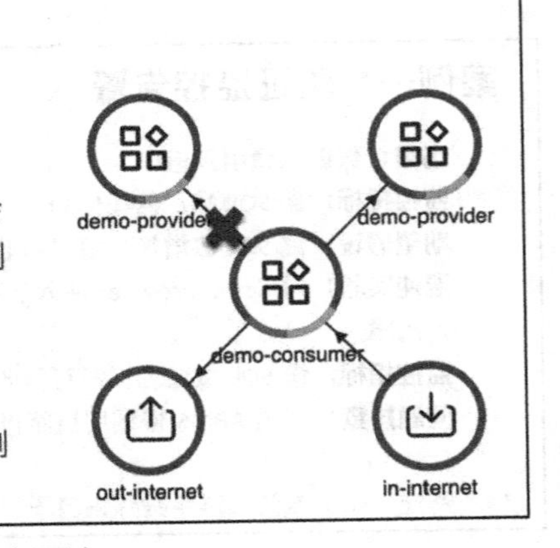

图 19-6 案例二：验证异常实例隔离

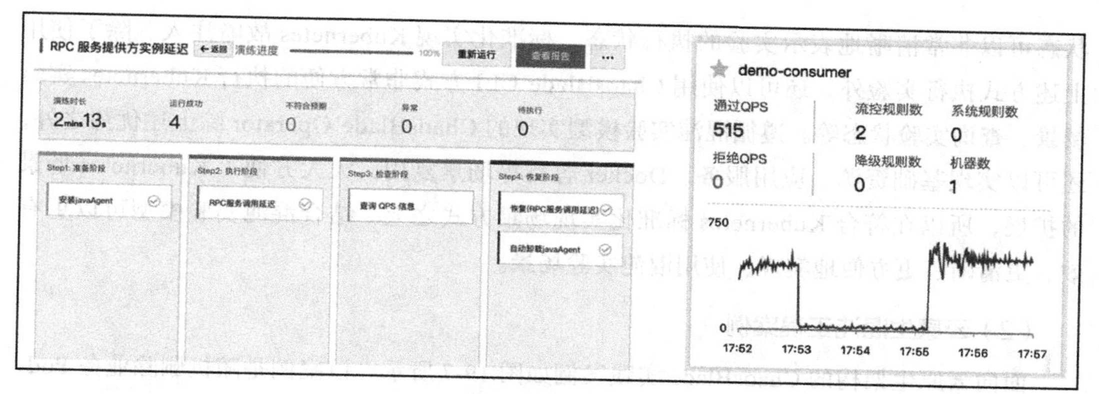

图 19-6（续）

7. 面向云原生的混沌工程实践

云原生是一个理念，包含云设施、容器、微服务、服务网格和 Serverless 等技术，同样面临一些稳定性的挑战。云设施指公有云、专有云和混合云等，是云原生系统的基础设施，基础设施的故障可能对整个上层业务系统造成很大影响，所以说云设施的稳定性是非常重要的。容器服务的挑战可以分两大类，一类是 Kubernetes 服务提供商的服务是否稳定，另一类是用户配置的扩、缩容规则是否有效，实现的 CRD 是否正确，容器编排是否合理等问题。微服务、分布式服务的复杂性问题，单个服务的故障很难判断对整个系统的影响。服务网格中存在 sidecar 的服务路由、负载均衡等功能的有效性问题，还有 sidecar 容器本身的可用性问题。Serverless 现在基本上都是函数加事件的形式，存在资源调度是否有效的问题，而且 Serverless 服务提供商屏蔽了一些中间件，我们能掌控的是函数，所以我可以通过混沌工程去验证函数调用的配置是否合理。上述的云原生技术都有共性，比如弹性可扩展、松耦合、容错性高、易于管理、便于观察等。所以说在云原生时代，混沌工程对云原生系统有很重要的意义，可以通过混沌工程能推进系统更加“云原生”化。

（1）云原生混沌工程工具

ChaosBlade Operator 项目是 ChaosBlade 下的一个子项目，针对 Kubernetes 平台所实现的混沌实验注入工具，包含 Node、Pod、Container 资源演练场景。遵循上述混沌实验模型规范化实验场景，把实验定义为 Kubernetes CRD 资源，将实验模型中的四部分映射为 Kubernetes 资源属性，很友好地将混沌实验模型与 Kubernetes 声明式设计结合在一起，依靠混沌实验模型便捷开发场景的同时，又可以很好的结合 Kubernetes 设计理念，通过 kubectl 或者编写代码直接调用 Kubernetes API 来创建、更新、删除混沌实验，而且资源状态可以非常清晰地表示实验的执行状态，标准化实现 Kubernetes 故障注入。除了使用上述方式执行实验外，还可以使用 ChaosBlade CLI 方式非常方便的执行 Kubernetes 实验场景、查询实验状态等。遵循混沌实验模型实现的 ChaosBlade Operator 除上述优势之外，还可以实现基础资源、应用服务、Docker 容器等场景复用，大大方便了 Kubernetes 场景的扩展，所以在符合 Kubernetes 标准化实现场景方式之上，结合混沌实验模型可以更有效、更清晰、更方便地实现、使用混沌实验场景。

（2）云原生混沌工程案例

面向云原生架构的 ChaosBlade 实践案例如图 19-7 所示。该案例是随机删除业务 Pod，然后验证业务的稳定性。右边是对实验场景 yaml 描述，这里的案例是随机筛选实例进行删除，每一个服务只杀一台实例，通过 system=demo 标签随机的筛选这些服务实例，然后指定删除的每个服务 Pod 实例数量。监控指标是业务指标，即图中的 Guestbook 演练应用页面截图，另一个是 Pod 数。这里的期望假设是业务不受影响，Pod 的副本数在预期之内。执行完实验之后，通过查询 Pod 来验证，可以看到每一类服务会被删掉一个 Pod 实例，然后会被 Kubernetes 重新拉起。但是删并不是实验的目的，做故障演练的目的不是触发故障，而是通过故障来验证系统架构的缺陷，发现问题并迭代修复这些缺陷，从而提高系统的韧性。对比实验前后的页面发现是不一样的，之前提交的数据不存在了，那么这个演示应用就存在数据持久化高可用的问题。通过这个案例我们可以看到，随机杀 Pod 可以验证整个业务的稳定性和容错能力，这个案例是不符合预期的，因此需要推动业务修复这个问题。

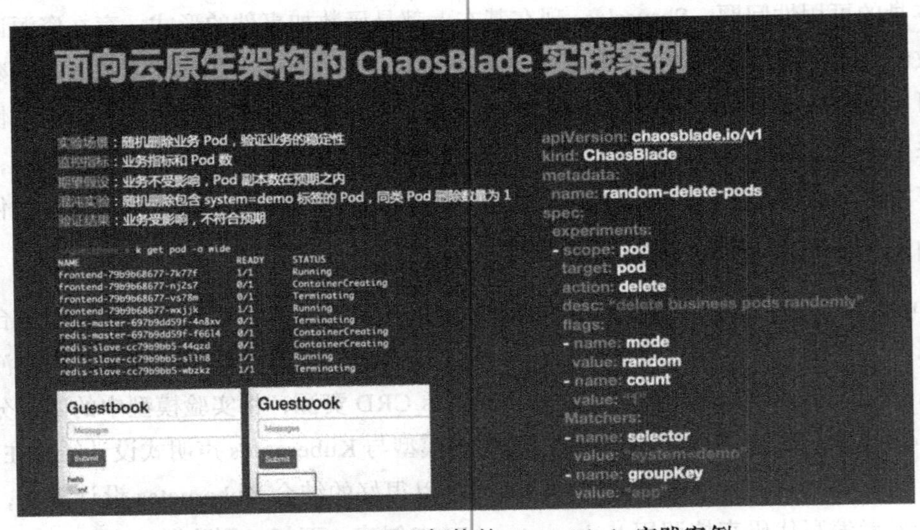

图 19-7 面向云原生架构的 ChaosBlade 实践案例

案例总结

混沌工程是一种主动防御的稳定性手段，体现了反脆弱的思想。实施混沌工程不能只是把故障制造出来，需要有明确的驱动目标。要选择合适的工具和平台，控制演练风险，实现常态化演练。企业落地混沌工程会遇到很多挑战，希望大家能坚持下来，共同推进混沌工程领域的发展。

20

| 20 | C H A P T E R

快狗打车微服务实践

作者介绍

唐杰 快狗打车优配研发部架构师。从事软件开发、架构十余年，从传统软件行业到互联网行业，从前端到后端均有涉猎，拥有丰富的系统架构及项目管理经验。见证了快狗服务化发展的整个历程，致力于互联网物流云运力整合与发展。

案例背景

快狗打车成立于2014年，随着公司业务的不断发展，运营越来越精细，随之而来的就是业务规则越来越多，也越来越复杂。在这个过程中，原有的应用架构已不足以支撑业务的运行，需要增加和改进系统和应用来保证业务的发展。一般的做法是将系统和应用服务化，那服务化究竟解决了什么问题，如何进行服务化，如何在服务化的同时保证系统稳定运行，应用稳定发布，同时又能保证研发效率呢？这是快狗打车在服务化道路上需要解决的难题。

案例实施

1. 微服务可以解决什么问题

在互联网系统的典型架构中，用户通过浏览器或者App将自己的信息通过网络传输到我们的负载均衡服务器上，再通过负载均衡，把用户请求发送到我们的应用服务器。应用服务器通过拿取在数据库中的数据进行相应的业务处理，如果访问量比较大，可能还需要将数据进行缓存处理，以提高用户响应速度，提升用户体验，同时减小数据库的压力，进而提高整个系统的稳定性，保证业务的运行。在公司发展的早期，相信大家大多都是采用这种架构的，当时这种架构是没有问题的，但随着业务的发展壮大，人员规模的扩大，系统复杂性的增加，上面这种架构的缺点就会被放大。

随着业务的发展，越来越多的系统都会需要相同的功能，比如App推送、订单查看等功能。基于传统架构，一般的做法是代码复制，比如将现有的PC端的项目中查看订单功能的相关代码，直接复制到新开发的用户App中。在前期缺乏整体架构梳理，或项目规模较小的情况下，代码复制确实是最好实现的方式。在代码复制的过程中，可能我们只需要订单功能中的订单查询功能，但为了方便往往会把整个订单功能的相关代码都复制过来，久而久之会产生很多的冗余代码，给后期的优化和重构留下隐患。另外，代码复制是没有什么技术含量的，并且枯燥无味，容易让开发人员产生负面情绪。

此外，通过代码复制虽然我们可以将功能快速复制，但数据库还是所有应用共享的。在这种方式中，每个人对库表中的职责都不够清楚，如果数据库无相应字段就直接加入，久而久之会造成表字段的膨胀。

当所有逻辑都杂糅在一起时，代码的复杂程度升高，可维护性降低，如果有新人进入将无法理解。此时，需要所有人都了解全部业务才能继续进行开发，这将消耗巨大的时间成本。

所有的应用都直接和数据库打交道，但不是所有的开发人员都非常清楚所有的流程。如果某一个团队中的成员写了一个错误的SQL，或因某一个同事写了一条全表扫描的SQL，整个业务线都会因此阻塞，进而可能引发雪崩反应，造成整个业务线崩溃，最终导致非常严重的后果。

此时，我们就要引入服务化的思想了。服务化有很多的优点，大家也都认同服务化是未来的发展方向，但实施服务化有不同的方式和方法，什么功能应该归于哪个服务，按照什么方式和维度来切分服务都值得我们思考。接下来我们一起探讨一下服务化切分粒度的问题。

2. 服务化切分粒度

（1）公用 Jar 方式

公用 Jar 是在项目的早期阶段最容易想到的方式之一，也是最容易在代码复制的阶段进行升级的方式。由于系统中有太多的重复代码，我们最自然的想法就是把重复的代码统一抽取出来，形成一个公用包，大家都移除重复的代码，改为引用公用包。

最早我们的推送服务就采用了这种方式，但当时应用很少，只有用户端 App 以及后台客服人员需要将用户的订单信息推送到司机端时会用到，这个方式在应用少并且封装的逻辑不常变动的情况下是可以满足需求的。但是，一旦上层的调用方变多或者公用包里面的逻辑发生变动，这个方式就会制造困扰，每一次改动都需要所有用到上游系统的开发人员进行配合升级，之后再由质量保证人员进行回归测试，并配合上线。这个过程成本巨大，效率低下，调用方怨声载道，而且很容易造成遗漏，导致线上事故。我以一个亲历者的身份提醒大家，千万不要采用这种方式进行服务化。公用的包一定只放一些工具类的代码，千万不能把业务逻辑相关的代码耦合进去，我们前期曾因使用这种方式导致了多次线上事故，大家一定要引以为戒。

（2）库表服务层

库表服务层方式一般出现在服务化的早期阶段，主要集中在没有多余的人员维护专门的业务时。58 速运的早期阶段就曾使用过这种方式，比如结算服务。库表服务层纯粹将服务当成一个 DAO 层来进行使用，这种服务化的方式可以将所属业务的服务快速发布出去，服务只提供最基本的 CRUD 操作，由服务的调用方将服务的数据库操作进行组合来

案例综述

分享本案例的初衷是让架构师都能向着“诗和远方”的梦想再进一步，而不是每日纠结在各类耗时耗力的重复性工作上的同时，还承担着巨大的技术实施风险和责任。

进入数字化时代后，企业面临着全面数字化转型的压力。之前，企业的 IT 建设一直有大量的投入，也支撑了业务的飞速拓展，但随着新业务的拓展要求，IT 需要全面拥抱微服务架构和微服务思想以获得敏捷能力。这时候，企业面临的是如何进行企业级微服务落地的问题。

本案例解决的核心问题就是如何落地企业级微服务，从而实现企业级 IT 飞跃，真正踏出产业数字化、数字产业化战略的重要的第一步。

企业级微服务的落地需要从深入理解微服务是微服务框架么、微服务是“银弹”么、传统企业如何微服务转型 3 个问题开始。围绕“形式”和“自由”这两个在企业级微服务落地中非常突出的矛盾，针对几个方面的客观需要（大量的体系性的微服务化需求，差异性服务就绪需求，业务、产品可持续发展需求，相互协同的、松耦合的、隔离的有效服务治理）进行如下的实践。

- 如何认识企业级微服务？
- 平台化思路实现企业级微服务落地。
- 最困难的部分：与企业文化、组织结构的互相融合和支持。
- 技术路线选择：商业产品，开源产品，还是开源框架？

案例背景

本案例的本质是产业数字化背景下企业数字化转型的落地。

随着行业业务边界的逐渐模糊，越来越多跨界业务的出现和发展，企业迫切需要针对新的业务创新能力、业务跨界融合能力进行建设，而首先需要解决的是数字化的问题。在以往的发展中，企业已具备一定的数字化基础：数据成体系、具备算力、有算法实践。但整体来看还缺乏新型的、更敏捷、高效的全业务产品流程、全管理流程的数字化能力。

如同其他数字化先行的企业一样，企业对于数字化转型的 IT 支撑已经有了明确的中长期规划，有了明确的目标、路径、方法，但接下来要面对的是具体的落地问题。因此，有了一系列的实践，用来构建支撑企业级微服务落地的基础。实际上，在可见的未来，这些在实践基础上完成的应用架构转型，还将更进一步实现对企业数据架构的重构，而整个过程中，必然会有组织和文化的改变，以支撑企业数字化。

在这一系列的实践中，我们以平台的战略，建立起了一系列数字化的基础。这些平台除了分布式微服务的多个平台外，还有融合了微服务思想的业务类平台，用于支撑业务层面上的敏捷化。而分布式微服务的平台也有明确的演进路线，实现从系统到平台的演进，最终实现对各类 IT 应用系统的低侵入的微服务化。在实践中，这个演进体现为一个过程，基于平台，越来越多的系统逐渐实现了微服务化，实质上改变了企业的整体架构，也促进了业务产品及服务的敏捷化改造。

另外，通过平台化的思路实现企业级微服务的落地，没有陷入严重的技术债务，避免了各应用的技术复杂性和巨大的工作量，使整体的数字化战略没有在某些点上停滞不前。

案例实施

结合落地实施中的问题和成功经验，平台化实现企业级微服务的整个实施可以概括为如下的几个过程。本质上，通过这些不同阶段的过程对核心问题，以分离关注点的思想进行分解、解耦和处理。每个过程中也会对前面过程的执行结果进行跟踪和反馈，并结合当前的过程进行一定的修正。

在开展具体的企业级微服务落地工作之前，需要准备就绪。企业要立足长远，不满足于当前的状态，要有明确的数字化转型、颠覆式业务创新的决心，要有技术转型推动业务转型的思想准备，以应对未来的问题和困难。

1. 需要就绪的远不止是技术

技术的准备往往是整个实施中最不成问题的部分，对于系统级或者单一业务领域级的微服务落地而言，技术问题可以简化。但对于立足于数字化转型战略的企业级微服务落地而言，就绪的优劣会导致从实施到文化的整个企业内部的微服务生态有很大差别。

就绪的实施虽然是一个阶段，但按照实践来看，如果企业内部的 IT 治理、企业管理文化允许，最好能结合其他的过程，形成迭代演进的过程组。

1）大量体系性的微服务化需求：企业级与系统级最大的差别在与体系性，这本质上是持续性、整体性、可演进性的差异。

2）差异性服务就绪需求：从企业角度，不可能服务就绪需求完全相同。如果出现这种情况，一定是没找到企业的业务价值点或业务价值链。

3）业务、产品可持续发展需求：持续发展是各类企业级需求的典型特征。业务、产品要持续发展，模型的可演进性、可替代性，技术的可演进性、可替代性，组件化的程度等这些内容的系统性建设，都是不可或缺的。

4）相互协同的、松耦合的、隔离的有效服务治理：企业级的项目需要性价比，业务微服务需要持续积累和迭代。负面效果就是治理难度的增加，治理的前提是实现服务的真正协同、松耦合、隔离。

2. 不盲从，有自己独特的微服务转型定位

全局性、前瞻性地完成企业级微服务落地，企业级微服务落地的定位，在于为新的数字化做基础。需要说明的是，这个数字化不同于原来各个不同阶段的数字化，这里是保障业务敏捷、触达敏捷、营销敏捷、服务敏捷等敏捷化能力的数字化。

我们要依据定位，明确技术层面上，在企业级微服务落地中形式与自由最主要的冲突点在哪里包括稳定性、可靠性、伸缩性、可监控性、容错性、可灾备性、高性能、文档规范化等。

3. 戒急

在企业内部（特别是中高管理层）形成一致的思想，落地为规划文件，正确认识微服务。以会议、汇报的方式，在实施方案、工程计划等内容中，充分贯彻对微服务的正确认识。

2019 年，微服务化已经不止是敏捷架构、敏捷业务的范畴，未来真正产生市场价值的是依托其建立的数字化。越来越多的互联网企业开始转型为数字经济公司。在跨界融合和跨界创新的背景下，传统企业也需要发展自己的数字经济，应该认识到微服务化是目前可见的有效实践。

数字经济包括数据、技术、算力和算法、新业务模式，而微服务化对这些要素能力的建设大有裨益。数字经济的重要特征之一就是平台，以平台化的思想构建的企业级微服务架构，未来可以支撑起企业的业务平台战略。

微服务化是企业实现产业数字化的重要的可落地方案，微服务自带的分布式特性也决定了可以有效地实现自治、协同微服务间的业务服务、产品各维度信息的数字化。

定位的扩展对微服务化提出了新的要求。正因为将企业级微服务定位在数字化上，如果不能落地整个企业层面的整体性微服务，就无法支撑企业级的数字化要求。传统企业的

IT 相对而言更容易实现单体的高可靠性和稳定性。微服务化是以技术和实施的复杂性为代价的，为了实现成规模的微服务化，复杂性和风险会成倍增加。然而对企业而言，不成规模的微服务化没有太大的价值。

微服务的最大挑战之一是如何实现服务的标准化。微服务化的收益往往是中期较当下有意义，远期较中期更有意义。从业务发展和创新角度，应该厘清未来的产业互联、价值互联与当下的企业级微服务落地的关系。传统的、从单一应用或系统的角度来看，微服务是一项交互的技术，而企业级微服务要求我们将微服务从作为业务价值单元交互的管道升级为平台。

上述思想按照企业自身文化、特点进行组织，并按照企业自身的 IT、组织、文化现状，分解为不同的规划内容，落地在具体的规划文档中，对后续的实际实施，特别是多头并进的实施有重要的作用。

4. 构建平台

构建平台以支撑企业级微服务落地。在这个过程中，应随时牢记，我们是为了“诗和远方”的梦想去做平台，坚持以平台而非代码、库的角度来落地。过程中的一些关键点如下所示。

1）平台产品为基础，可以用一个极少数人的团队支撑十几倍人数规模的微服务化应用实施。

2）平台产品、系统的构建确实需要较长时间的积累和演进，但具有充分经济性和可行性。看到这一点，才能坚定信念。

3）平台的构建路径有多种，从我的角度来看产品与客户化扩展对于企业更可行，除非企业的主营业务就是技术本身。当然，这是个仁者见仁，智者见智的事情。

4）平衡“微服务赋予的很大自由空间”与“企业级规划和能力”之间的矛盾，也就是解决构建过程中形式与自由的矛盾。

5）这里提到的平台是一个广泛的概念，通过平台建立起服务共享体系（包括服务的共享、数据自动化、能力开放中心、协同中心）。

6）平台主要包括三部分内容，运行平台、框架、就绪管控中心。对于企业级的微服务而言，一般就绪管控中心相对更难建设。

7）平台需要 DevOps 能力，这一点毋庸置疑。真正需要注意的是选择或构建能与平台充分适配的 DevOps 组件和产品，通过这类组件和产品，降低微服务架构上 DevOps 的复杂性，增加其易用性。

8）平台应实现立体的就绪管控，围绕平台的设计、开发、运行等工作应充分体现形式即自由的思想。平台要保障整体的可用性、稳定性、可靠性、伸缩性。

9）可以看到平台在支撑企业级微服务落地上的一些具体的做法：

- 平台强制应用使用“服务”而不是“库”或其他东西。
- 平台强制服务有明确的接口且无法混淆。
- 平台而非应用弥补非内存访问的性能损失。
- 平台将服务及相关要素集成进行开发、部署（可以包括容器，但不只是容器）。
- 平台以配置方式提供微服务的组合，服务组合以服务方式进行发布、治理、消费。
- 平台封装服务间的通信及其技术特性，包括MQ、RPC、REST等，以配置方式适应不同服务的需要。
- 平台接管对服务的发布、治理、消费，按照业务价值单元而非其他单位提供服务的全生命周期管理。

10）平台对于支撑企业级微服务落地上的一些最佳实践：

- 平台上可以有Dubbo服务、Spring Cloud服务、普通REST服务，支持多种、多个注册中心。
- 平台支持多云部署，支持异地云切换。
- 平台基于复杂性和实用性不足的原因，未针对企业级应用支持消费者驱动的契约。
- 平台以配置方式，支持对不同DB、不同数据切片的混合持久化，未统一支持NoSQL的混合持久化。
- 平台以补偿思路沟通统一的分布式事务处理，通过配置的方式即可使用。
- 平台直接提供统一的持续集成，目前以开源软件产品构建，后续可以扩展为集成商业软件产品。
- 平台提供从首个消费申请开始的完整消费过程的监控，利用开源软件产品搭建日志监控、调用链监控、服务治理状况监控、错误日志分析等统一功能。
- 平台依据现阶段企业服务治理能力，构建统一的自动化及人工流程结合的线上治理功能，所有大类功能大部分有自动化和人工两种方式。

11）平台需要解决企业级微服务落地中的一些具体的难题：

- 开发的复杂性。
- 运维的复杂性。
- DevOps复杂性。

- 需要更多专业知识的困难。
- 业务边界不清带来的问题。
- 服务状态复杂性问题（状态、数据）。
- 服务通信复杂性问题。
- 版本控制复杂性。
- 分布式事务支持的问题。
- 独立部署的困难。
- 网络噩梦带来的整体灾难的问题。

5. 融合与支持

构建起平台的雏形后，下一步我们可以开始考虑整个企业级微服务落地中最困难的工作：与企业文化、组织结构的互相融合和支持。

从文化和组织的角度而言，平台可以提供管理类的数据，支撑整体及具体的落地工作的度量和考核，在实现企业级计算、处理能力的同时，维系企业的管理和经营。

从对开发文化的影响，特别是相对于单体系统的开发而言，企业级微服务落地意味着需要很多可以进行自治的、服务化的开发、测试的团队，团队间分工、协作的方式、粒度、责任等都需要进行很多改变。

从对组织的定位而言，需要明确为建立这样目标的组织，在不确定情况下开发新产品和新服务的新组织。

在解决企业文化、组织与企业级微服务落地的融合和支持问题时，可以考虑形式即自由的整体思路，在鼓励自由的同时强化形式。由于强化形式很可能会带来效率的损失，因此需要考虑通过平台来形成整体的高效率。

在实践中，我们总结出可以借鉴的敏捷组织如下。

- 围绕反馈和指导的文化建立独立团队和跨团队的合作。
- 小组转变有利于微服务落地。
- 以产品为业务或以产品思路落地业务的企业更容易成功实践微服务落地。
- 统一服务规划和服务协同设计。
- 缩短周期。

平台可以实现如下的对组织的支持：

- 将开发管理涵盖进来，但需要通过提升线上管理效率抵消形式增强对自由创新效率的负面影响。

- 开发管理与平台其他部分充分融合，通过自动化减少流程，简化操作。
- 提供上下游一体的代码隔离、系统测试、持续集成功能，扩展持续部署。

平台从设计、开发、运行角度实现对微服务团队的约束、协同、隔离，通过技术手段解决协同开发中进度、版本、需求上的冲突和死锁。企业的微服务化本身就需要按照技术创新和业务创新两个阶段来规划。

6. 技术路线选择

选择技术路线的问题也很值得关注，我们是应该选择商业产品、开源产品还是开源框架？

关于这个问题，从创新的科学方法论中可以获得启发，这要求我们在技术路线选择上要考虑企业的创新点、创新价值在哪里。

从云计算、业务中台的理念中我们也可以获得启发。云计算、业务中台的本质是通过云计算、业务中台的构建，使企业可以专注在自己的业务和高价值领域。

从数字经济、数字化转型角度来看的话，企业要靠未来中长期的稳定性、完整性保障数字经济、数字化转型的成功。相对而言，商业产品更可能具有这些特性。

从技术创新角度来看技术路线的选择，我们需要分析平台本身是否是企业在市场上的核心竞争力。反过来说，企业应该选择在核心竞争力领域进行技术创新，避免相对盲目地在技术路线考虑非商业产品路线。

考虑到平台对中长期业务战略的支撑，正确的平台战略可以降低技术路线风险。从技术体系绑定的角度上来说，平台也可以考虑既支持开源产品和框架，也支持商业产品的使用，平台产品自身基于开源体系构建。

技术体系的选择未来很难做到非此即彼（如果是碾压式的垄断，就回到传统 IT 架构上了），在企业级微服务的实施里可以考虑多种技术路线在平台上实现不同的场景、组件。

案例总结

在企业级 IT 转型带动的业务转型中，系统性是最关键的核心，因此技术往往不是最重要的。转型实施中，架构师能刻守“初心”才是最重要的。

1）企业级微服务需要有战略支撑，应该体现为对中长期企业战略规划、创新规划的支撑，不能停留在战术层面上。

2）微服务是业务创新战略落地的手段，依托于业务创新战略能够更好地落地。在企业级微服务落地的基础上，才能实现业务产品、业务服务的敏捷、创新。

3）以平台思路提升落地成功率，缓解形式与自由的矛盾。不要寄希望于短期内将整体业务、技术团队培养成为微服务思想、技术体系的专家团队，以高质量支撑微服务落地，而是应该通过平台来完成。

4）微服务与组织、文化是相辅相成的，微服务化不需要一味去迎合原有的组织和文化，也不是要企业完全抛弃原有的组织和文化，而应该是原有组织和文化与微服务文化进行融合与优化。

5）分阶段实施点、面、体，以战略层面的迭代来支撑落地。

6）平台支撑技术体系的选择及其演进。

23 | CHAPTER

容器云在小米的落地与实践

作者介绍

刘巍 小米云平台弹性调度组高级工程师，负责容器平台的开发和运维工作，在容器平台构建以及服务端开发方面有着多年的研发实践经验。

案例背景

随着容器技术的普及，越来越多的公司开始采用容器技术构建企业内部的容器云平台，容器技术的发展也正在改变着应用的开发和部署方式。在这场技术变革中，小米也积极拥抱云原生技术，让众多互联网服务在可扩展性、可靠性、DevOps 等方面都有了很大进步。随着小米生态链的蓬勃发展，以及国际化业务的高歌猛进，对容器云在隔离性、多云架构方面也有着一些特殊的需求。本案例将会介绍小米在搭建容器云平台过程中遇到的一些问题以及我们的解决方法。

要解决的核心问题有：

- 降低业务集群的管理成本。
- 提高业务容量快速伸缩，及时应对流量突增等情况。
- 提高服务器资源利用率，降低机器成本。

案例实施

1. 小米容器云平台体系概览

（1）容器云平台

小米容器云平台 Scope 的架构如图 23-1 所示，其涉及的组件很多，架构也非常复杂。容器云平台从整体上分为四个部分，最下面的是资源层，资源层包括硬件资源（硬件资源包括了内部 IDC 和公有云），然后是网络层（网络资源也包括了内部 IDC 和公有云），资源层中最上面的是 Kubernetes 和 Mesos 容器编排引擎，它抽象了底下的网络和硬件资源。接下来是服务层，它依赖资源层可以对外释放非常多的能力，例如 Service Mesh、定时任务、CI/CD、自动扩缩等。左侧这一栏是容器云平台依赖的基础设施，包括监控服务、日志服务、Keycenter（加密中心）、DNS、负载均衡、Relay（跳板机）、CMDB 系统等。最后是 Web Portal，它整合了所有组件并且提供简单易用的界面方便用户使用和管理资源。

（2）支持双引擎

早期小米的容器云平台基于 Mesos/Marathon 技术栈构建，随着用户需求的增多以及 Kubernetes 生态的迅速崛起，Mesos 技术栈在更新和迭代速度上略显疲乏无力；另外围绕着 Kubernetes 构建的生态也越来越大，所以向 Kubernetes 转型毫无疑问也是最正确的方向。由于小米 Mesos/Marathon 集群规模比较大，所以从 Mesos 向 Kubernetes 迁移过程也非常漫长，整个过程耗时一年多，很长一段时间里在容器云平台底层同时存在着两个容器编排引擎。为了使依赖的组件尽可能不改动，我们又开发了 Adapter 组件它将 Kubernetes 接口语义封装为 Mesos/Marathon 接口语义。

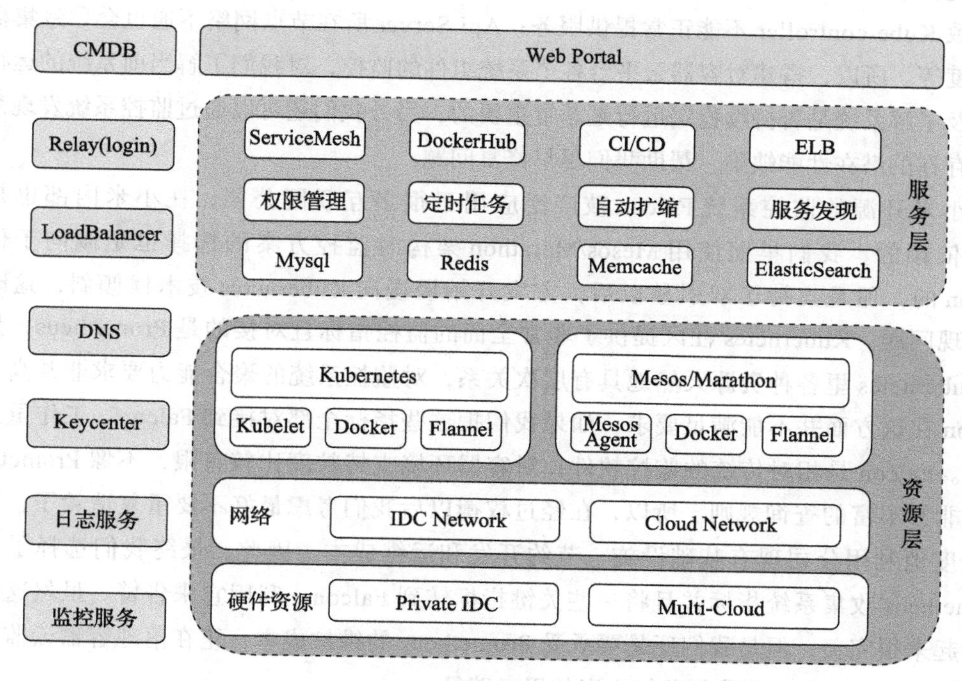

图 23-1　小米容器云平台 Scope 架构

在迁移的过程中我们也遇到了很多挑战，例如：

- 删除指定容器并且缩容：首先这个功能是在 Marathon 上支持的，而在 Kubernetes 上支持缩容的逻辑，但是缩容的逻辑是随机删除一个 Pod，这不能满足我们的需求，所以为了支持这个功能我们 hack 了 Kubernetes 的代码实现了类似的逻辑。
- Kubernetes 不能传递 Docker run 需要的运行参数：Mesos 启动容器的方式是新开一个进程然后执行 Docker run 命令所以传递参数是相对容易的，但在 Kubernetes 上有些参数目前还不能够支持，例如 Ddocker run 时的 --storage-opt 和 device 参数等。
- 应用名长度限制：在 Mesos/Marathon 里 Deployment 的长度应该限制为 256 个字符，而在 Kubernetes 中 Deployment 的长度是 64 个字符。

2. 监控体系

首先来思考一个问题，系统搭建起来以后如果想要稳定运行，仅靠系统自身显然是做不到的。大多数系统不具备自愈能力，还是需要人工介入处理。另外，系统在长时间的运行过程中，一定会遇到各种各样的问题，例如 Kubernetes 的 master 节点磁盘空间满了，会导致 Kube-controller 不能正常提供服务；Api Server 所在节点网络不通也会导致集群不能调度等。所以，搭建对容器云平台各个系统组件的监控，对我们了解当前系统的运行状态以及了解系统是否持续稳定运行是非常重要的，另外我们还可以通过监控系统发现系统可能存在的潜在性能缺陷，帮助我们尽早修复问题。

小米开源的监控系统 Falcon 被广泛应用于很多互联网公司，在小米内部也是被重度依赖的。我们早期使用 Mesos/Marathon 架构时监控方案的选择也是倾向于使用 Falcon 的，但是支持了双引擎以后，方案开始慢慢向 Kubernetes 技术栈倾斜，这时候就出现问题。Kubernetes 社区提供了非常全面的监控指标且对接的是 Prometheus，另外在 Kubernetes 里各种资源天然地具有层次关系，对监控系统的聚合能力要求非常高，而 Falcon 在这方面并不能满足要求，如果我们把这些指标全部对接到 Falcon，工作量会非常大。Falcon 是相对传统的监控软件，对容器环境支持粒度比较有限，不像 Prometheus 支持非常丰富的查询规则。所以，在经过权衡以后我们考虑最好不要重复造轮子，应最大限度地利用公司现有基础设施，节约开发和运维成本。因此，最终我们选择了使用 Prometheus 收集系统指标并且将一些关键指标转到 Falcon，利用它来告警。虽然这套方案看起来很完美，但是我们还是要承受 Prometheus 的维护成本，正在落地容器云监控方案的团队也可以借鉴下我们监控方案的思考路径。

我们再来看下小米容器云监控系统的架构，首先，小米容器云单个集群的规模接近上千台物理机，而单个 Prometheus 在超过 500 台节点时就会出现性能瓶颈，所以我们采用了 Prometheus 集群联邦的模式将监控采集根据 node 节点编号划分到不同的 Prometheus 实例上来分担压力。然后，我们又提供了一个 Global 的 Prometheus 汇总下边几个 Prometheus 采集到的数据，采集的数据源有 Node exporter、Cadvisor、Kubelet、Node job、Kube-state-metrics。Global-Prometheus 会直接采集 Api Server、etcd、Kube Pod Service 以及一些个性化定制采集指标，最终 Global-Prometheus 会将采集到的数据推送到 Storage-Adapter。Storage-Adapter 是我们开发的一个组件，它会同时将 Metrics 发送到 OpenTSDB 和 Falcon，这里使用 openTSDB 存储 metrics 主要为了方便长期数据的查询以及有专门的团队在维护这套系统。另外，还有个暂时无法切片的数据源 Kube-State-Metrics，它需要一个独立的 Prometheus 来采集，所以当集群规模大了以后，这个数据源也很容易成为性能瓶颈。

3. 日志采集

日志作为应用排错的一个关键环节，尤其是在容器调度的动态环境下，业务程序的排错和健康状态分析都很依赖日志信息的收集，所以在应用容器化过程中，自动发现、自动收集日志将是应用容器化部署的一个重要方面。最开始小米的容器云平台使用 Filebeat、Kafka、Elasticsearch 搭建了一套日志收集系统，但是当数据量很大时，Kafka 和 Elasticsearch 碰到了各种性能问题，尤其是 Elasticsearch，比如日志检索慢、经常出现 OOM 等问题频发，需要对 Elasticsearch 进行各种调优。考虑到我们团队成员的精力有限，专业的人做专业的事，所以我们团队与小米日志收集团队进行了合作。Talos 是小米内部主推的日志收集方案，它可以支持很多后端存储，包括 Elasticsearch、Hdfs、Hbase 等，Talos 的架构其实也是 Agent 与 Kafka 实现的，但是由于有专门的团队维护和定制，可用性就有了保障。因此，有 Talos 作为日志采集方案支撑，我们团队需要做的事情就少了很多，只需要和 Talos-Agent 约定好协议，整个日志采集的流程就建立起来了。

容器在启动时挂载一块 LVM 卷到容器内部，同时宿主机上也有对应的路径。宿主机路径是按照一定规范存放的，Talos-Agent 只要遵循这个规范监听指定目录下文件的变化，然后根据路径中的文件名标识采集日志即可。这里我们还区分了业务日志和业务数据，业务日志不允许定制后端存储，统一收集到 Elasticsearch；业务数据允许用户在 Talos 平台配置存储后端 Elasticsearch 或 Hdfs 等。业务日志采集到 Elasticsearch 以后，用户可以根据容器云平台定制的 UI 和 Kibana 查询自己服务的日志，用来分析和定位问题。

4. 镜像服务

小米容器云平台目前存在两套容器镜像服务，一套适用于公司内部，用户自行上传使用，提供了管理界面、团队管理、权限管理等功能，另一套是用来在容器云平台内部发布服务，不对用户开放。首先，容器云平台有个中心的 Registry 镜像服务，对外通过 LVS 暴露接口，镜像内容存储在公司内部的 Ceph 集群上。其次，在每个集群都部署了一个 Registry Mirror 服务用来保证镜像的拉取速度，每个集群的 Docker 都会从本集群内的 Registry Mirror 服务拉取镜像，如果镜像不存在 Registry Mirror 则会回到中心的 Registry 镜像服务拉取。Registry Mirror 服务使用的存储在每个集群中各不相同，公有云使用了 OSS、S3 以及 LOCAL 本地存储。

镜像是如何传送到中心 Registry 的呢？用户通过在我们的发布平台点击编译，触发 build 操作，build 组件会将一些依赖以及用户自定义的组件打包到镜像里，然后再传送到中心的 Registry。当创建一个容器时，Docker 首先会到本集群的 Registry Mirror 服务拉取，在 Mirror 中没有找到再到中心的 Registry 服务拉取。由于有些集群带宽有限，很可能造成拉取镜像超时，所以我们在 build 组件推送镜像完成后会在目标集群预拉取此镜像，然后再执行发布操作。这样做虽然解决了镜像拉取超时的问题，但是也牺牲了第一次快速发布的时间。另外，当多个用户同时执行 build 和发布操作时，核心的 Registry 很可能遇到带宽以及 CPU 的瓶颈，也就是说这套架构在集群规模很大时，以及发布用户比较多时，是不适用的。我们团队也意识到了这个问题的严重性，所以也制定了架构升级方案，目前还在调研测试中。

5. 磁盘隔离

小米容器云平台磁盘隔离采用的是 LVM 外挂卷到容器内部的方案，目前仅实现了磁盘容量隔离，并且业务程序必须要将日志或者其他数据写入容器指定目录，才可以达到隔离以及暂时持久化的目的。那么外挂 LVM 卷这种方式有什么好处？首先，它与容器的生命周期解耦，容器销毁后 LVM 卷还会保存下来。很多程序在 crash 时通常会在日志的最后几行留下关键线索，通过这几行日志可以帮助业务排查进程 crash 的根因。其次，它也可以保证旁路的日志采集 Agent 将日志尽可能推送到日志收集中心。

Kubelet 在启动容器时通过 flexvolume 方式调用我们封装好的 LVM 程序创建 LVM 卷，然后 LVM-Daemon 程序会将申请信息上报至 Kubernetes。这里使用到了 Kubernetes 的 CRD 抽象了磁盘资源，上报的原因是我们将磁盘资源作为了调度条件。Kubernetes 默认只能支持 CPU 和内存资源的调度，所以每当一个 Pod 被调度的时候，Kube-scheduler 都会过滤一遍磁盘剩余资源，确定哪一个 Node 适合当前 Pod。目前我们只在 Kube-scheduler 实现了预选的逻辑，优选的逻辑在未来会考虑支持。

我们再来看下 Kube-scheduler 具体实现需要注意的问题。Kube-scheduler 在早期版本中提供了 Extender 插件机制实现用户自定义的调度算法，小米容器云最初的实现也是采用这种方式，但是上线以后遇到了瓶颈，当业务发布非常密集时性能就会非常的差，等待状态的 Pod 非常多。当时负责开发的同事做了相关测试，集群内有 1000 个 Node 和 1000 个待调度的 Pod，所有的 Pod 调度完成时间长达 500 秒，这个时间是不能被接受的。另外，在 Kubernetes 的较新版本中提供了新的调度框架 Scheduler Framework，通过该方式实现自定义调度算法，这种方式是内嵌在 Kube-scheduler 组件内的，可以认为它和 Kubernetes 原生的调度性能没有任何差异。同样，我们也做了相关的性能测试，集群内有 1000 个 Node 和 1000 个待调度 Pod，最长调度时间大约在 160 秒左右，所以 Scheduler

Framework 和 Extender 在性能上的差距有 3 倍之多。

6. 服务发现

服务发现是容器云平台非常重要的核心功能。在容器平台中，IP 是动态分配的，不像物理机一样可以固定 IP，那么在动态环境下如果想要暴露服务除了提供负载均衡器，再就是使用服务发现了。服务发现可以提供很多能力，例如基于 Zookeeper 的 Nginx 动态 upstream，基于服务的白名单等。另外基于服务发现，业务也可以自行实现负载均衡策略，使用的场景非常多。

小米容器云平台可以实现容器自动注册到 Zookeeper。首先，在容器启动过程中会启动一个 Dolphin 进程，它是容器内的 1 号进程，由它负责启动业务程序并且执行一些初始化操作。业务程序启动成功后，并且健康检查通过，才使用 Ephemeral 类型的节点向 Zookeeper 注册，所以当容器退出以后，Zookeeper 也会自动清理掉 Ephemeral 类型的节点，应用通过读取指定路径下的 IP 列表就可以实现服务发现的逻辑。

早期 Dolphin 程序和业务程序放在一个容器内，这种架构有很多问题，比如说对 Dolphin 程序升级就需要重启所有业务容器。因此在现在的架构中，将 Dolphin 程序放在 Sidecar 容器内，当升级 Dolphin 程序时，业务容器是无感知的。之所以以前将 Dolphin 程序和业务程序放在一个容器内是有很多历史原因的，早期小米的容器云平台基于 Mesos/Marathon 构建，而那时还没有 Pod 和 Sidecar 概念，所以在向 Kubernetes 转型的过程中我们也同时收获了它的技术红利，帮助我们降低了运维成本。

7. 容器网络

容器网络在小米经历了三个版本的演进，第一个版本我们使用的是 DHCP 与 VLAN，第二版是基于 Docker plugin 和 VLAN 自研的 IPAM 系统，第三版也是目前线上使用的版本 Flannel 与 OSPF 协议。

在容器技术发展的早期，没有特别成熟、稳定可靠的方案可供选择，市面上的一些比较流行的网络方案很多都是基于 Overlay 网络的。overlay 网络虽然很灵活，可以与现有基础网络解耦，但是性能相比较于物理机有 20%～30% 的损耗。而在那个时期，小米的宿主机网络采用 VLAN 隔离广播域的方式已经成熟、稳定，并且基于这种网络模型有一套完整的操作流程，所以在综后考虑性能与网络维护可操作性这两点后，选择了基于 DHCP 和 VLAN 的容器网络方案。但是随着集群规模的增长，这套网络方案也暴露出一些问题，主要有以下几点。

- 分配 IP 速度慢：基于 DHCP 协议的 IP 分配需要经过四次协商才能拿到一个 IP 使用权，当我们使用笔记本连接公司网络时能够明显感觉到速度之慢。
- 依赖中心化的 DHCP-Server：DHCP-server 使用了 Master-slave 模型，具有中心化特点，需要非常高的可用性，一旦宕机整个容器集群都会雪崩。另外，每次集群扩容都需要执行 reload 操作将申请的容器网段加入 DHCP-server，无形中增加了集群雪崩的风险。
- 人工管理 VLAN 成本高：每次集群扩容都需要向网络组申请 IP 段，同时网络组需要将容器使用的 IP 段与物理机的绑定关系配置在交换机上。虽然这种操作具有流程化，但也会出现操作错误的可能，一旦出错需要人肉排查，整个过程非常耗时耗力。
- IP 地址分配不可控：基于 DHCP 分配 IP 的方式没有一个可以查看 IP 使用剩余资源的可视化工具，对维护者完全不透明，所以当 IP 资源不足时我们并不能及时感知。

虽然 DHCP 和 VLAN 网络方案有这几点问题，但由于集群规模很小，问题也不是那么明显。随着集群规模的增长，用户的需求也越来越多，用户就会有一些特殊的需求，例如希望容器重启 IP 地址不变。这种与 IP 地址耦合的业务类型使用 DHCP 这套方案很难做到，因此我们就开始调研新的网络方案，同时也希望解决 DHCP 和 VLAN 这套网络方案的可用性问题。

容器网络的第二个版本 Docker plugin 依赖于 Docker 的 IPAM 插件和 VLAN 开发，整个网络模式没有改变，只是将 IP 分配从 DHCP 改为我们自研的 IP 地址管理系统。Docker 提供了 IPAM plugin 机制，容器启动和销毁时自动调用 plugin 中相应的 hook 点请求和释放 IP。Server 端使用 Nginx 和 LUA 开发可以任意水平扩容。这套网络方案解决了 DHCP 和 VLAN 方案中 IP 的分配不可与业务结合，由于续约失败丢失 IP 地址，中心服务器由于各种原因不可用导致的集群雪崩的问题。

这种方案虽然能够解决用户的需求，但是这种需求不是强需求，即便不支持业务也会有相应的解决办法。最重要的是，这个方案并没有降低我们维护物理机、VLAN 映射关系的人工成本和出错成本。所以这个方案在 Staging 集群运行了一个月以后被我们放弃，并且转向 Flannel 和 OSPF 方案的调研。

Flannel 是 Coreos 开源的一套网络方案，它有很多种网络模式，我们调研后选择了 Hostgw 模式。Hostgw 模式完全使用宿主机网络，并且只做了网络 IP 地址的分配与管理，在 Flannel 启动时从 etcd 中分配一个子网段，定时续约确保拿到的子网段不会被其他 Flannel 拿到。Flannel 的 Hostgw 模式有一个限制，即必须保证在一个网段内容器才可以互通，如果不在同一网段还希望容器互通，就需要在 Tor 中有路由信息。路由的广播（自学习）是 OSPF 协议做的事情，也就说只要提供物理机和这个物理机分配到的容器子网信息并且将它写的 Tor，这条路由就会被广播至全网，这样也就突破了 Flannel 的同一网段限制。另外，Flannel 这套方案基于 Docker，与容器编排框架无关，所以从 Mesos 向 Kubernetes 迁移也完全没有影响。

Flannel-Hostgw 模式下的数据包处理流程如图 23-2 所示，从 Pod-1 访问 Pod-3 首先经过 docker-0，然后达到宿主机的路由表，宿主机的路由表里有一条路由是 Pod-3 网段以及该网段应该发往的目的地（也就是 Pod-3 所在的宿主机）。紧接着流量经过 Node-A 的 eth0 发往 Node-B，可以看到整个数据包转发没有经过 Tor，如果有新的主机加入到了集群里 Flannel 会定时刷新每台机器的路由表，这样每台主机上就会有其他主机容器的路由信息。但是这里有一个问题，如果我们加入了一台 10.0.0.1/16 网段的 Node 节点，这台主机和其他 192 段的主机不能进行互通，因为即便是把路由信息写入到 Node-A，Node-A 和 10 段的这台主机也不能进行通信。这也是 Flannel-Hostgw 的一个限制要求，即必须二层互通，但是在大规模集群场景下这个显然是做不到的，所以我们在 Flannel 的基础上进行了改造。

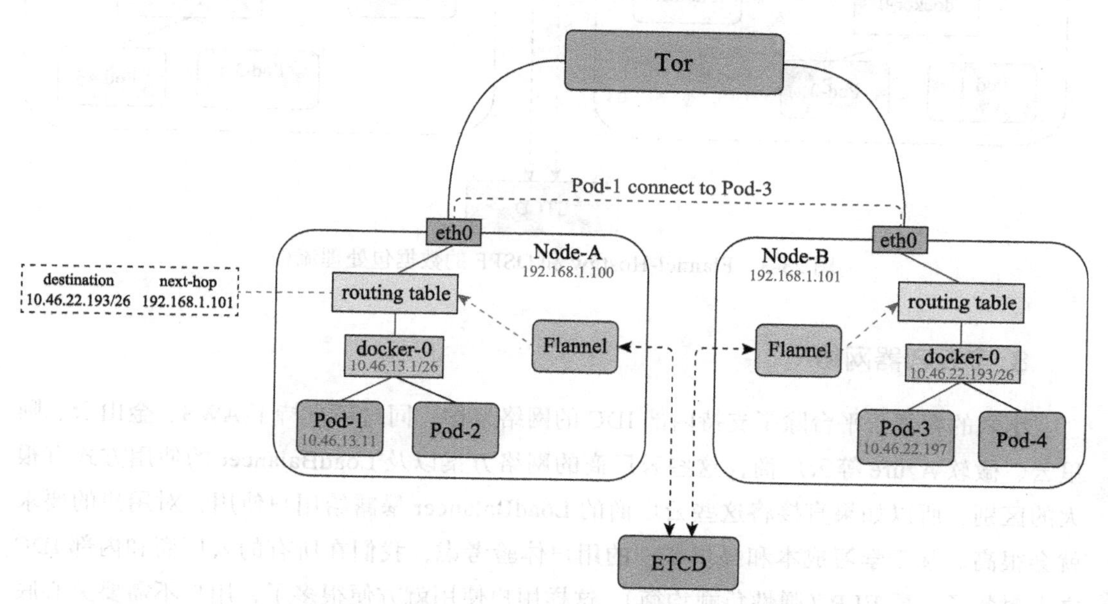

图 23-2　Flannel-Hostgw 模式下的数据包处理流程

基于 Flannel-Hostgw 和 OSPF 协议，我们实现了一套新的网络方案，如图 23-3 所示。可以看到，Pod-1 访问 Pod-3 并不是直接进行访问的，而是经过了 Tor，原来在宿主机上的路由表现也维护在了 Tor。同时，Flannel 也不再更新其他节点的路由映射到所在宿主机，而是在启动的时候直接将路由信息注册到了 Tor，经过 Tor 后不再受二层网络互通的限制，任何网段都可以进行互访。

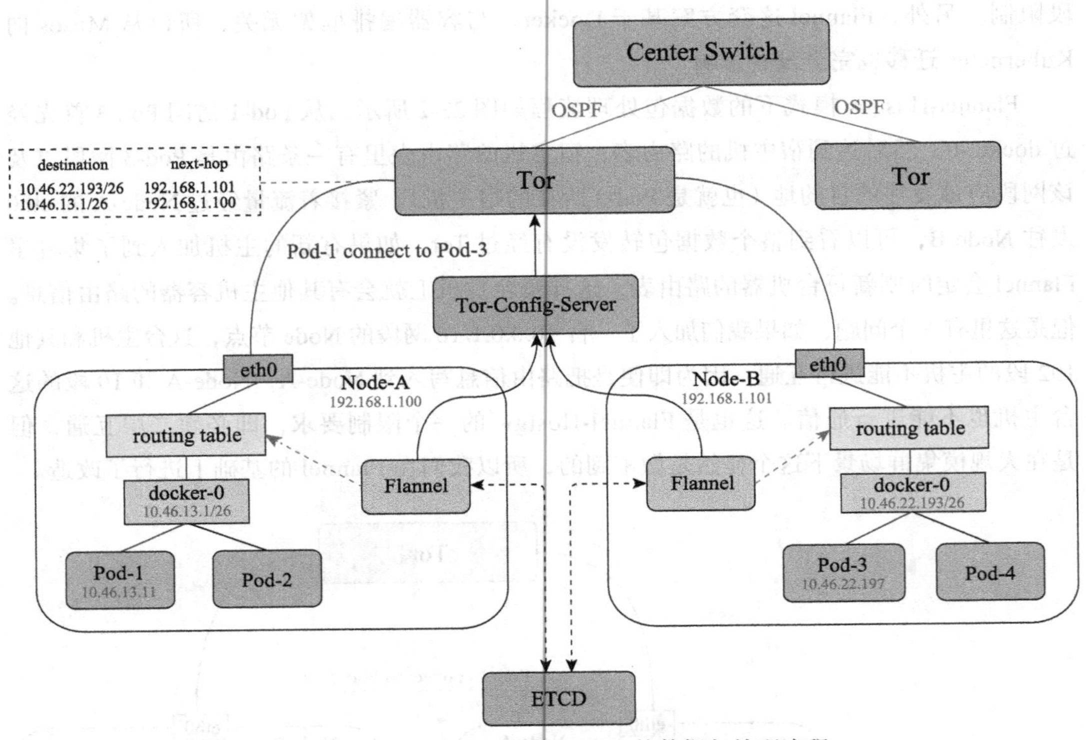

图 23-3　Flannel-Hostgw 和 OSPF 的数据包处理流程

8. 多云容器网络

小米的容器云平台除了支持内部 IDC 的网络架构，同时还支持了 AWS、金山云、阿里云、微软 Azure 等云厂商，这些云厂商的网络方案以及 LoadBalancer 的使用方式有很大的区别，所以如果直接将这些云厂商的 LoadBalancer 暴露给用户使用，对用户的要求就会很高。基于学习成本和提供统一的用户体验考虑，我们在所有的云厂商和内部 IDC 之上封装了一层 ELB（弹性负载均衡），这样用户使用就方便很多了，用户不需要关心底层的网络架构，程序也不需要适配各个云厂商的差异。另外，这样做还有一个收益就是不会和某个云厂商绑定，可以随时在不同云厂商间切换。

小米容器云平台在不同云厂商使用的网络方案如图 23-4 所示。对于阿里云，我们使用的是 Terway 网络方案，Terway 依赖于阿里的弹性网卡，每个机器可以绑定多个网卡，每个网卡可以对接多个 Pod，对接 LoadBalancer 没有经过任何 proxy，而是通过 LoadBalancer 直连到 Pod；对于金山云，我们定制了 Flannel 支持了金山云的 backend，LoadBalancer 对接也是采用直连 Pod 的方案，中间没有经过任何代理；对于 AWS，我们使用的是官方提供的 Kubernetes-CNI 插件，LoadBalancer 也是采用直连 Pod 的方案；对于 IDC，我们基于 Flannel 定制的内部 backend，LoadBalancer 对接也是采用 LVS 直连 Pod 的方案。可以看到，我们所有的方案中都是采用 LoadBalancer 直连 Pod 的方案，没有依赖 Kube-proxy 的 Iptables 转发，也没有引入任何中间代理层。

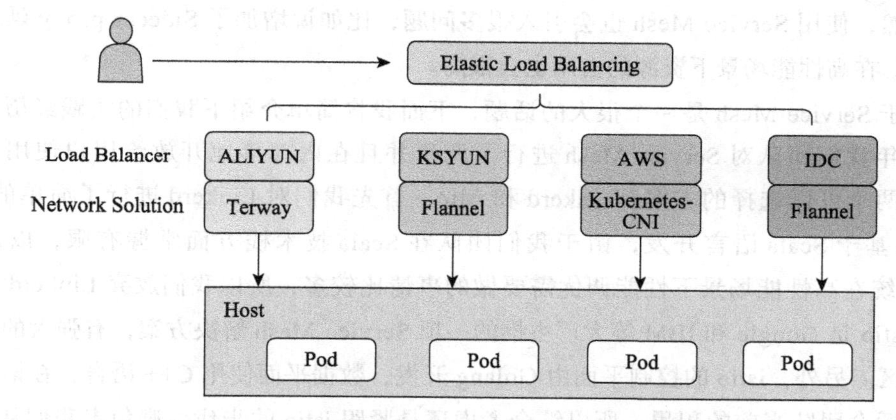

图 23-4　小米容器云平台在不同云厂商使用的网络方案

在早期基于 Mesos/Marathon 方案中，我们并没有采用 LoadBalancer 直连 Pod 的方式，而是在 LoadBalancer 后端增加了一层 haproxy 代理。这层代理的机器成本在公有云中非常高，而且还会随着业务的增长不断增加，AWS 单台云主机每个月要 8000 元左右（仅是普通机器），当集群部署了几十台这样的机器每个月的成本就要几十万，所以为了去掉这层中间代理，我们投入了很大人力。去掉以后直接带来的两点收益：降低延迟，节约机器成本。但是，我们同时也牺牲了后端 Real Server 的生效时间，有些公有云厂商 Real Server 注册 LoadBalancer 后端生效时间大约需要 1～3 分钟。而在有中间代理的方案下，每个 haproxy 会全部注册到 LoadBalancer 后端，而 Real Server 会注册到 haproxy，生效时间可以达到秒级，扩、缩容生效速度也非常的快。

9. Service Mesh

Service Mesh 是最近两年比较火的一门技术，它是一种通用型服务治理解决方案，可以帮助业务团队快速地从单体应用向服务化架构转型。随着微服务架构的普及，越来越多的系统开始进行服务化改造，在服务化改造的过程中经历了各种服务化框架的选型以及原有系统的重构，整个过程非常的漫长，而且还要学习各种服务化框架的使用和运维。那么有没有一种普适型的架构，在不改变现有系统代码的同时又能够使用到服务化所带来的收益呢？Service Mesh 的兴起可以说解决了这一问题，在业务程序不改变一行代码的同时就可以使用到服务化所带来的各种收益，使业务程序更加透明化，运维和使用更加简单。

Service Mesh 的优势有：无须引入服务化框架，与语言无关，无侵入性，降低学习和运维成本。

当然，使用 Service Mesh 也会引入很多问题，比如说增加了 Sidecar proxy 延迟会相应变高，在高性能场景下资源的占用也会很高。

由于 Service Mesh 是一个很大的话题，下面我将简单介绍下我们的实践经历。2018 年下半年我们团队对 Service Mesh 进行了调研并且在内部落地开放给用户使用，当时主要有两个可以选择的方案：Linkerd 和 istio。首先我们对 Linkerd 进行了简单的调研。Linkerd 基于 Scala 语言开发，由于我们团队在 Scala 技术栈方面掌握有限，以及基于 JVM 系统在高性能场景下性能调优需要做的事情比较多，所以我们放弃 Linkerd 转向了 istio。istio 是 Google 和 IBM 等大厂主推的一项 Service Mesh 解决方案，有强大的技术背景和社区。另外，istio 的控制平面由 Golang 开发，数据平面使用 C++ 语言，在语言方面也比较适合团队当前的积累。所以综合考虑还是紧跟 istio 的步伐，避免走我们从 Mesos 向 Kubernetes 迁移的老路。

在调研 istio 的过程中我们也遇到了很多问题，比如开启 istio 规则以后，所有流量都要经过 Sidecar 代理并且还需要配置 Egress 出网的规则，也就是要提前知道服务访问哪个网站才能使用 istio。但是，业务有些时候并不知道程序依赖哪些服务，让业务提前确定这些事情几乎是不可能的，所以我们想到了一个支持透明代理的功能，业务默认可以访问所有外部服务。此外，我们还遇到了类似对接已有平台的权限系统做到用户无缝使用，同时支持 Mesos/Kubernetes 两套容器编排引擎等问题。

在 Service Mesh 落地过程中，我们主要做如下事情：

- 基于 istio 定制开发。
- 使用 Consul 服务发现支持 Mesos/Kubernetes。
- 支持 Thrift 协议。
- 支持透明代理。
- Mixer 支持 Redis 集群模式。

- Kubernetes: v1.14.4
- Docker: v18.06.3
- Centos: v7.5
- Promethues v2.2.1
- Grafana v5.0.3
- Tekton Pipelines: v0.8.0
- Harbor: v1.5.0

首先编写用户容器对应的 dockerfile，代码如下所示。

```
FROM reg-xxxx.dangdang.com/cnlab/php-tw-runtime:v1
RUN mkdir -p /var/www/hosts/productapi
COPY ./ /var/www/hosts/productapi/
EXPOSE 80
CMD ["/run.sh"]
```

然后编写对应的 Tekton tastk 及 taskrun 文件，代码如下所示。

```
apiVersion: tekton.dev/v1alpha1
kind: TaskRun
metadata:
  name: taskrun-productapi
  namespace: tekton-pipelines
spec:
  inputs:
    resources:
      - name: git-source
        resourceSpec:
          type: git
          params:
          - name: url
            value: http://repo-xxxx.dangdang.com/prodapi/api-k8s.git
          - name: revision
            value: master
    params:
      - name: pathToDockerFile
        value: /workspace/git-source/Dockerfile
  outputs:
    resources:
      - name: builtImage
        resourceSpec:
          type: image
          params:
            - name: url
              value: reg-xxxx.dangdang.com/cnlab/productapi:v1
  serviceAccountName: docker-git-sa
  taskRef:
    name: task-php-template
```

构建代码打包运行时容器推送到私有镜像仓库，编写 Knative 的 service.yaml 配置文件并完成部署，服务就整体运行起来了，代码如下所示。

```
apiVersion: serving.knative.dev/v1alpha1
kind: Service
metadata:
  labels:
    application: productapi
    tier: application
  name: productapi
  namespace: default
spec:
  template:
    metadata:
      labels:
        application: productapi
        tier: application
      name: productapi-v1
    spec:
      containers:
      - image: reg-xxxx.dangdang.com/cnlab/productapi:v1.0
        imagePullPolicy: IfNotPresent
        ports:
        - containerPort: 80
  traffic:
  - latestRevision: true
    percent: 100
```

（7）评估 Knative 平台对应用的性能影响

为了评估 Knative 对应用性能的影响，我们分成了三个对照组，分别对平均响应时间、Tps 进行了比较，如表 24-1 所示。

表 24-1　性能对比

Scenario	Avg RespTime(s)	Avg Tps	Latency Diff	Tps Diff
Kubernetes+Nginx-Ingress	0.259	758.927	0	0
Kubernetes+Knative+Istio(Ingress Gateway)	0.286	683.333	27ms(10%)	-10%
Kubernetes+Knative+Istio(with Envoy Sidecar)	0.292	669.491	33ms(13%)	-12%

从测试结果来看，对比 Kubernetes 原生的部署方案，Knative 的引入带来了 27ms 的延迟和 10% 的 Tps 损失。

（8）Knative 相关的运维工具

Knative 直接继承使用了 Kubernetes 平台上的解决方案，避免了重复建设。其中日志中心工具为 EFK，监控工具为 Promethues、Grafana，服务网格可视化工具为 Kiali、Jaeger。

（9）性能优化

Knative Serving 支持缩容到零，这极大提高了低频应用的资源占用，同时也带来了一个问题，那就是冷启动延迟问题，对于容器启动速度较慢或者对请求延迟非常敏感的场景这个问题表现得会更为突出，那么如何解决这个问题呢？这里我们采用保留服务最小副本数的方法在资源占用和服务响应延迟之间进行平衡。

配置如下所示。

```
# 为服务设置最小所需保留副本数，n为1或者估算的最小副本数
autoscaling.knative.dev/minScale: “n”
```

对于可预见的高并发场景我们可以为服务预设预期最小所需副本数，这样可以避免突发高并发请求导致大量请求积压。为服务预设最大所需副本数可以避免资源过度分配。为服务的每个 Pod 设置最大并发请求数上限保障每个服务的可用性。

配置如下所示。

```
# 为服务预设预期最小所需副本数
autoscaling.knative.dev/minScale: “200”
# 为服务预设最大所需副本数避免资源过度分配
autoscaling.knative.dev/maxScale: “500”
# 为服务的每个POD设置最大并发请求数上限保障每个服务的可用性
autoscaling.knative.dev/target: “100”
```

（10）结论

- Knative 对于 Serverless 平台的标准化意义重大。
- Knative 当前正逐步走向成熟，但大规模应用还需要进一步完善。
- Knative 的发展前景广阔，有望成为未来的主流无服务架构平台。

案例总结

1）Serverless 秉承请求驱动计算，计算资源按需分配的原则，大幅提高了计算资源的利用率。

2）Serverless 平台可以显著地减少运维工作量，使得工作更高效。

3）业务代码与平台代码的隔离带来开发的敏捷性，可以大幅提高开发效率。

4）Serverless 实现了将计算资源脱离服务器的抽象是未来云计算发展的必然趋势。

25 | CHAPTER

传统企业升级分布式数据库的产品变革之路

作者介绍

姜明俊 亚信科技数据库技术创新实验室总监，PostgreSQL 中国社区核心组成员。拥有 12 年以上的产品研发经验，5 年技术管理经验，善于攻关技术难点，专注于研究分布式数据库技术和系统架构，深入掌握 PostgreSQL 内核和使用。先后在中兴软创、趋势科技工作。从事数据库领域的产品研发工作超过 8 年。领导研发过分布式内存数据库在计费业务中替换 Oracle 的 Timesten，近 6 年一直在亚信科技带领团队基于 PostgreSQL 内核研发分布式关系型数据库 AntDB，帮助公司业务实现去 Oracle。在去 Oracle 领域积累了丰富的产品研发和实战经验。

案例综述

去“Oracle”不是替“Oracle”，去Oracle除了对技术的考验之外，更是对智力、心力、耐力和信心的考验。例如，面对客户的核心诉求，如何帮助客户低风险、低成本地实现去Oracle目标？客户需要什么样的产品？面对各种各样的解决方案，怎样才能帮助客户通过本次案例分享在实践中少走弯路？总结起来就是：紧贴客户的诉求，我们构建了产品的哪些核心竞争力？

案例背景

从2013年开始受互联网公司去“IOE”影响，传统的企业也开始去“IOE”的尝试。经过多年多个项目的实践，我们发现互联网公司的数据库分布式的技术架构并不适合于传统的大型企业，因为类似银行、电信、保险等行业都有自己的系统开发或集成厂家，传统大型企业本身并不完全掌握技术、产品研发等。而这类软件提供商又不单纯地只面向一家企业服务，他们研发出的软件产品需要服务尽可能多的群体，所以就不可能针对某一个企业进行100%的定制化开发，故需要找到一种通用的解决办法，既可以支撑未来PB级存储和亿级规模的用户，又可以使应用平滑、透明地完成数据库的迁移。

本案例基于这样的初衷结合客户诉求，面对AntDB产品在进化的不同阶段所面临的所思、所想、所做，阐述了“为什么”“是什么”“怎么样”的不断迭代过程。通过产品的打造，真实地帮助客户大幅降低迁移的风险和开发、实施、学习的成本。我们在众多去“O”案例中，最快完成的只用了一周时间，最长的是1.5个月。

案例实施

去Oracle过程中最难的是如何平滑、透明地迁移老系统的应用，我们总结了如下几个核心步骤。

1. 授权采集

经过10多年发展的老系统已经非常庞大和复杂，或许已经没有一个架构师可以准确地说出系统中有多少张表、各个表之间的关系、系统中运行了多少条SQL以及这些SQL的复杂度如何等问题。因为没有一个准确的系统迁移评估工具，使得客户无法对其迁移的风险和成本做出准确的评估，进而大大制约了系统去“O”的进程。要想提升客户的信心就必须通过采集工具对用户需要迁移的数据库中的所有对象，包括表模型、数据、运行的SQL、TPS、QPS等指标进行全量采集，形成文本文件后再进行全面分析，用真实的数据说话。

2. 报告分析

将采集到的文本文件传输给兼容度评估工具进行评估，通过评估工具准确地分析出需要迁移的数据库的各个方面的指标，比如各个时段的TPS是多少，有多少表全部兼容，多少函数全部兼容，不兼容的SQL语句有哪些，SQL的复杂度评分是多少等，并通过一个图形化的界面进行直观可视化展现。评估工具对整个迁移过程的工作量和风险可以做到准确的评估，告别过去对需要迁移的系统“拍脑袋”式的评估。

根据报告中输出的不兼容信息进行修改，就可以评估出需要投入的工作量和风险。修复不兼容的类别时，优先修改可以在数据库层面统一修改的，对于无法在数据库层面统一修改的，则需要在应用层做调整。比如对SQL的优化，由于要迁移的数据库和Oracle的执行引擎是不一样的，故同样的SQL即使在两个数据库中均能执行，但执行的时间难免会有比较大的差异，所以需要针对此类的SQL进行单独改写优化，使其可以达到和在Oracle中运行时一样的性能。按我们的经验，使用AntDB数据库进行去Oracle，SQL优化占到了70%，真正不兼容的部分是非常少的。假设兼容评估出的结果是90%，说明还有10%的内容不能直接兼容，而10%中的70%又跟SQL性能指标相关，那么此时需要数据库内核提供Oracle特性兼容或应用层修改的工作量为（系统的总工作量）×（1−90%）×（1−70%）。通过此计算也可以告知我们的客户AntDB具备高度的Oracle语法兼容特性。

3. 数据迁移

在数据迁移时，需要迁移的数据或许是数百TB级别的，需要迁移的表或许有几万个，需要迁移的存储过程或许有几千个，面对各种各样繁杂的数据对象，人工操作方式除了工作量巨大、效率低下外还会出错，比如一个字段的类型或精度一旦出了错，都是要等到后期测试阶段或上线后才会发现。因此我们需要一键化完成所有对象的迁移来减少此类风险并提升效率。海量数据的迁移过程中或许网络会出现中断，因此还需要具备断点续传的能力，迁移完成后需要对两边的数据进行Hash计算，确保数据100%准确。

4. 应用迁移

将应用从Oracle迁移到新的原生分布式数据库，虽然可以通过兼容度评估大大提升客户的信心，但这还不够。从集中式数据库迁移到分布式数据库，依然还有很多工作需要在数据库产品层面解决，其中包括下面几点工作。

1）异构容灾：在数据库迁移上线后的初期，如何让新的数据库AntDB和Oracle并行运行，实现异构数据库容灾？客户对于一个新生事物既抱有好奇又怀有担心，化解该问题的最好办法就是异构数据库并行运行机制。两个数据库可以并行运行，除了需要高度兼容Oracle的语法外，还需要具备高效的数据同步机制。通过一段时间的运行，当客户对新数据库已经充分掌握并有信心的时候，就可以逐渐对Oracle进行下线处理，从而实现更加保险的迁移过渡。

2）分片算法：集中式数据库没有分片的概念，但分布式数据库涉及数据按什么维度进行分片的问题，需要对系统中分片的维度有一个能力模型评估，使其可以选择出最合理的分片字段，使系统的处理性能更好。另外，由于系统内置的分片算法，比如Hash、取模等，使得数据分片计算后客户无法直接知道该条记录在哪台主机上，故有的客户提出，需要在分片算法中嵌入业务逻辑，也就是说需要按业务的逻辑进行分片，以便于客户运维。某客户提出，他们的订单号是13位的，因此他们需要从订单号的第7位开始往后数三位作为分片值，比如010发到10号机，001发到1号机等。所以，产品需要支持自定义分片，使其可以更灵活地满足用户的定制化分片需求。

3）异构索引：若SQL语句的where条件中没有分片键，那么该SQL语句在没有异构索引的情况下就会下发到所有节点执行，造成全节点扫描。例如，本次需要查询返回的记录就一条并且就在其中一台机器上，若全节点执行必然造成资源的空转和浪费，若并发较大还会拖慢整个系统的响应速度。为了解决这个问题，AntDB引入了异构索引，建立索引和分片键之间的自动映射关系，通过空间换时间，做到精确地控制事务边界，使得整个集群的响应延时变短，吞吐量变高。

4）强一致读写分离：在Oracle RAC时代节点数较少，一般通过应用层配置读写分离策略，但进入分布式数据库架构时代之后，动辄10几台x86服务器，且需要动态高可用，使得应用层配置读写分离变得很复杂，因此我们需要把该功能下沉到数据库内核中统一解决，在SQL解析路由的时候就可以把只读SQL下发给备机执行，在同一个事务内的读SQL依然发送给主节点。这样可以做到资源的高效利用，保证客户的投资安全。

5）数据强一致备份和恢复：对数据进行备份是数据库使用过程中必不可少的操作，

但在分布式场景下，每个机器的时钟都不一样，一次全量备份那么多数据，x86 服务器的网络和磁盘很有可能“掉链子”，那么，如何做到像单机数据库一样的备份和基于时间点的恢复呢？ AntDB 通过引入数据栅栏技术使得所有的节点产生统一的数据快照。

6）还有其他很多方面，比如性能和易运维考量，我们完善和增强了 PGXC 的分布式事务管理器的处理性能和易扩展性；通过多模态的 SQL 解析引擎解决 Oracle、DB2、MySQL 的多环境迁移问题；通过系统故障自愈解决了节点数增长和运维复杂度之间的矛盾，以及计算和存储分离后针对计算层和存储层均可在线秒级动态扩容的问题等。

5. 系统割接

进入系统割接阶段，需要整理出完整的割接步骤和细致评审，反复推敲割接过程，确保割接准确，万无一失。该过程中耗时的步骤都需要有进度条提示，以掌握每一个步骤的耗时，并且为关键步骤重试预留出缓冲时间。

案例总结

本案例是亚信科技多年来帮助传统企业升级数据库实现去 Oracle 道路上的一次深刻总结，从去 Oracle 的实践中我们深刻地体会到了产品和团队的定义，从“功能型”产品走向“用户型”产品，分析事物的本质，紧紧抓住客户的核心诉求，打磨产品解决客户的问题。

26 CHAPTER

京东数据湖演化之路：零采购应对 1/3 数据增长

作者介绍

吴维伟 京东大数据架构师。曾就职于华为，拥有 10 多年系统研发经验，先后从事嵌入式系统研发、Linux 系统及驱动研发和大数据研发工作，擅长嵌入式设备开发、Linux 系统及驱动开发、大数据相关存储组件（HDFS、Allluxio 等）的源码维护和定制化功能开发。2018 年 1 月加入京东，负责大数据存储平台的架构与研发工作。

案例综述

随着京东业务的不断发展，京东的数据量越来越大。京东大数据存储平台作为底层的支撑平台，其集群规模一步步由数百演化到数万，经历了单集群破万、多集群融合、跨机房集群融合、跨部门数据分享、异构数据集成等技术挑战。本文主要介绍在业务多元化发展、降本增效零采购的背景下，京东大数据平台结合原有的技术积累，通过自研京东数据湖，落地实现了数据路由、跨域数据分享平台和自动化的冷存储管理。同时结合业务特点对各个存储引擎进行优化，最终达到降本增效的目的。

案例背景

在数据湖落地的过程中，我们主要面对的挑战有以下几个方面：异构数据源问题、跨部门跨机房数据分享问题和冷存储问题。首先介绍一下京东及业界常用的实现方案的缺点。

在异构数据源的问题上，京东及业界的一般解决方案都是由用户自己进行不同数据源适配。这个方案存在的问题是各个不同业务线都需要进行相应的数据源接口适配，导致在公司层面存在大量的重复工作，整体效率低下。

在跨部门跨机房数据分享问题上，一般的解决方案是在其他部门或机房构建一个小的同步存储集群，通过同步或异步的方式进行数据分享。同步存储集群需要保证数据可靠性，因此需要至少保存三个副本，存储成本高。而在数据同步方面，异步方式定期运行任务进行数据复制，其问题是依赖外部计算集群，同时不适用于数据一致性要求高的场景；同步方式需要改造原集群，保证写入时同步写到原集群和共享集群，其问题是跨部门跨机房的同步写入极大地消耗了原集群的写入性能。

在冷存储问题上，我们了解到业界一般是使用 Facebook 的一个已不再维护的开源项目 HDFS RAID。这个方案存在的问题是需要依赖外部的计算框架，同时在读取时如果遇到数据损坏，需要等待数据异步恢复后才能使用，整体流程比较复杂，用户体验不好。

案例实施

为解决以上问题，在京东数据湖的解决方案中，我们采用统一存储访问入口、数据分享平台和 EC + 数据生命周期管理器的方案来进行优化。接下来我会对这些方案进行详细介绍。

1. 京东数据湖构建基本思路

京东数据湖是一个可以集中化存储海量的、多个来源的、多种类型的数据，并对数据进行快速加工、分析的平台。其最基本的构建思路是异构调度、异构计算和异构存储。本文主要针对异构存储相关的落地方案进行分享，异构存储的总体构建思路如下所示。

- 存储路由：为分散的数据源提供统一访问接口。
- 跨域分享：安全高效的跨域数据分享方案。
- 冷存管理：同步读取，异步降存。
- 质量提升：各个单点的性能提升。

2. 京东数据湖落地实践

京东异构存储的框架图如图 26-1 所示。

如图 26-1 所示，最上面是统一元数据层——京东极光系统，用于实现整体元数据的流程打通和共享。下半部分就是京东数据湖的整体系统架构，其中，在左边的协议层中，我们支持 HDFS、HBase、S3、Fuse、Ceph 等各种不同的存储协议。右侧是数据生命周期管理器，其主要目标是在零采购及集群大规模融合的背景下，异构存储能够支持持续增长的数据量，同时能够达到存储访问的质量要求。

中间部门的框图，从上到下分别是存储路由层、跨域数据网关、数据存储层、归档存储 4 个方面。存储路由层主要实现的是兼容不同协议的存储访问，在内部转换并对接到不同的存储集群；跨域数据网关和数据存储层内部的缓存层，实现跨域数据分享，同时实现一些跨域的数据加速；数据存储层和归档存储两个模块，实现无感知的冷存储转存和数据的实时读取。

接下来主要从以下四个方面介绍京东数据湖相关方案的落地和质量提升。

（1）统一存储访问入口方案

统一存储访问入口主要是为了解决异构数据源的问题，我们的实现方案有以下特点。

1）统一存储访问入口能够支持多种协议，通过统一的 Schema JDFS 进行访问。目前支持包括 HDFS、S3、HBase、Fuse、Ceph 等在内的常用存储协议，后续还会根据业务需求增加其他通用存储协议。用户在访问 HDFS、Ceph 等不同的存储集群时，可以直接使用 JDFS 进行访问，存储路由会将访问代理到合适的存储集群。

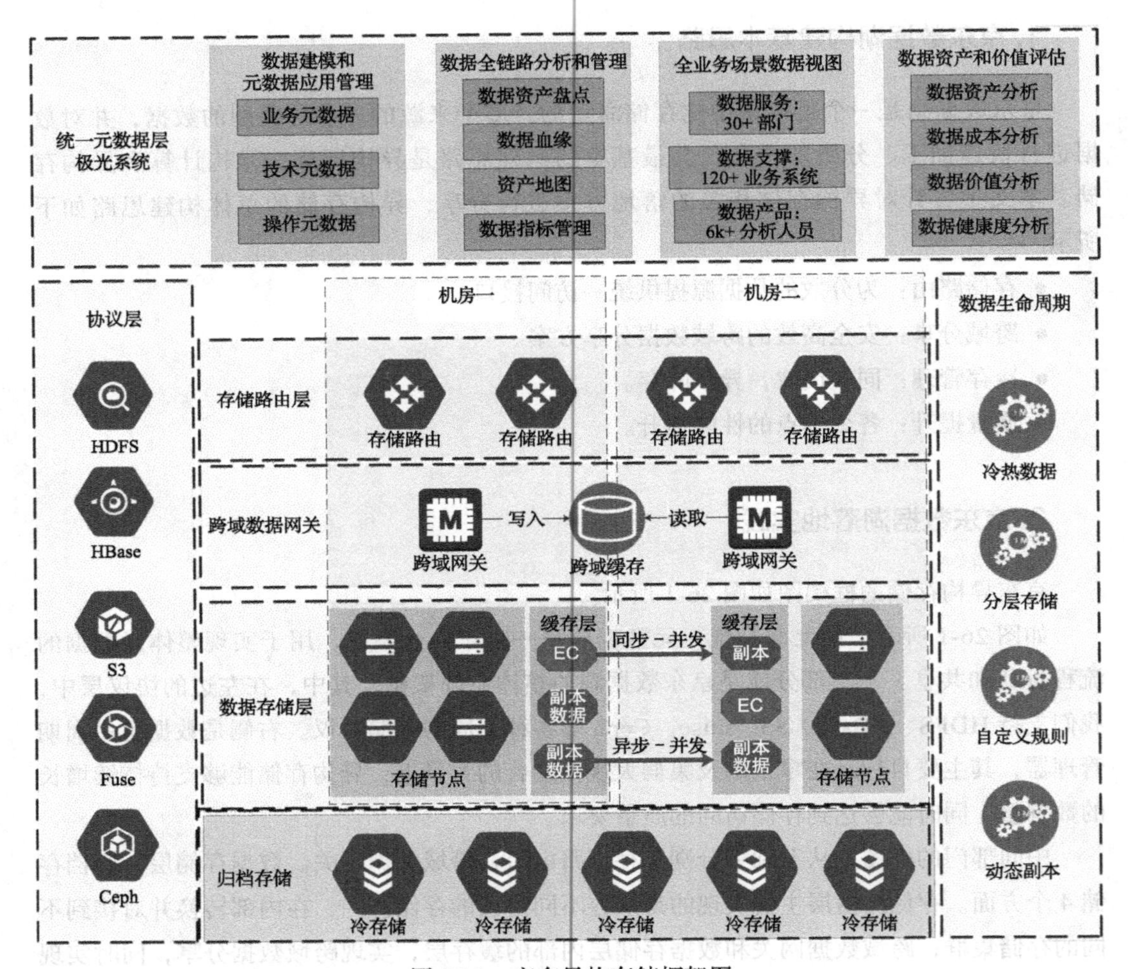

图 26-1　京东异构存储框架图

2）存储路由是没有固定状态的，可以根据业务的需要动态横向扩容、减容，以应对不同业务、不同时间段的访问压力。

3）通过挂载方式进行路由，屏蔽底层的存储细节。当在某个存储集群中发现异常时，我们可以通过修改挂载表的方式来实现对业务的流量迁移，同时实现快速的应急响应。

（2）基于缓存的跨域数据分享和加速方案

在京东数据湖的数据分享平台方案中，实现了基于缓存的数据分享，这个落地方案有以下特点。

1）基于缓存的数据共享方案使用统一的 Schema JDFS，访问正常集群和缓存集群在用户层面是一致的，不需要修改代码。

2）支持分层存储，可以指定目录存储类型，实现基于业务特性进行不同存储类型配置，加速核心数据的访问速度。

3）支持缓存集群内部的异步、同步缓存策略。异步方案适用于数据变化不大的场景，可以每天定时加载，不依赖外部计算框架；同步方案适用于数据经常变化的场景，每个访问都去远端集群确认数据是否修改，修改需要等待实时更新，不影响原集群存储访问性能，可以做到原集群无感知。

高效的存储需要缓存集群只保存一个副本，减少存储资源占用，miss 文件会实时拉取。用户无感知，不会因为缓存集群节点损坏导致访问失败。

基于数据分享缓存集群的存储分层特点，京东数据湖实现了可供用户配置的缓存加速功能。用户可以基于业务的特点，提前将重要的数据缓存到内存中，加快后续的访问速度。同时这个功能也能应用于跨部门、跨机房和同机房的场景。

（3）无感知的冷存储转存和实时读取方案

EC NameNode 平滑上线

EC 新版本的 editlog、fsimage 与 2.x 版本格式不兼容，只能通过全部节点统一升级的方式进行升级。这样的升级方案对于超过万台规模的集群风险非常大，极有可能导致数据丢失的严重后果。

因此在京东数据湖的 EC 落地方案中，我们通过增加一个中间兼容版本的方式，实现 EC 功能的可回退，同时兼容 EC 功能的灰度上线，极大地减少了上线的风险。

在实际落地方案中，我们对 EC 的社区版本进行了改造，让 EC 版本可以识别和读取旧版本的 editlog 和 fsimage 格式，写入格式通过一个配置项 write-layout 进行控制。我们的目标是不停服务升级，也就是需要 Standby 状态的节点升级后，切换为 Active 状态，然后再升级另一个节点。为了实现这个目标，我们需要做一系列的兼容性开发工作。

该组合是可以支持不同版本 NameNode 在同一个 NameSystem（NS）共存的。在第一次升级中，我们只升级一台 Standby 状态的 NameNode，配置 write_layout 为 -63，随后将其切换为 Active 状态，测试运行一段时间，验证该节点是否服务正常。如果服务有预料之外的问题，或者性能下降，可以随时将 Active 状态切换到旧版本 Hadoop2.x 的 NameNode 进行对外服务。

在第二次升级中，将 Standby 状态的节点的旧版本 Hadoop2.x 的 NameNode 升级到支持 EC 功能的新版，write_layout 配置为 -64，然后将升级后的 NameNode 切换为 Active 状态。对外提供服务的过程中一旦有预料之外的问题或性能下降，都可以随时将 Active 状态切换到 write_layout 配置为 -63 的已经试运行了一段时间的新版本。

在第三次升级中，将 Standby 状态的节点的 write_layout 配置修改为 -64，也就是和 Active 状态的节点保持一致。

至此，线上的服务就平滑地由 Hadoop2.x 升级为支持 EC 的 Hadoop 了。整个过程经历了 3 次升级，对外没有中止服务，外界无感知，并且整个过程是支持逐步回退的。

EC DataNode 平滑上线

旧版本 DataNode 无法提供 EC 恢复功能，灰度上线会导致 EC 功能异常。

而京东单集群超万台的 DataNode 一次性升级的风险过高，需要支持灰度滚动升级。

由于 NameNode 在下发 EC 数据恢复任务时，并不会考虑 DataNode 的版本号，因此有可能会将 EC 数据恢复任务发送给 3.0 版本以前的 DataNode，导致该任务无法正常完成任务，丢失数据。

另外，进行 addBlock 操作时也并不会主动选择支持 EC 的新版本 DataNode，因此会出现写失败。

现有的 EC 策略不支持灰度升级，这导致生产环境的 HDFS 集群在应用 EC 存储策略时只能通过整体升级的方式（即所有 DataNode 和 NameNode 同时升级到 3.0 以上版本）实现。对于大型 HDFS 集群（上万台节点）而言，整体升级需要同时重启所有节点，重启过程需要数小时，在此期间的所有业务均无法使用，不能满足生产环境的高可用要求。

为解决 EC 存储策略导致的 DataNode 版本不兼容问题，我们可以在 NameNode 节点上新增 EC 功能 DataNode 节点树，并在 NameNode 选择 EC 数据恢复 DataNode 时新增节点树来实现。

数据生命周期

EC 项目内置了自研的数据生命周期管理器，基于数据的访问时间来管理数据在整个生命周期的状态转换，同时支持用户自定义规则。数据生命周期支持后台无感知转换，转换过程中用户读写不受影响。

同时，结合我们的业务特性，该功能支持禁止时段（在夜间核心离线任务运行时，禁止所有转换任务运行）、限速（限制 EC 转换速度，不影响线上正在运行的业务）、动态刷新（业务方可以根据需求，在线修改转换参数，启动或停止转换任务）。

管理器基于用户配置的规则在后台自动运行，可实现无感知的数据生命周期管理。

（4）质量提升：大规模集群融合过程中遇到的瓶颈点和解决方案

自研 JDK

在大规模集群融合过程中，由于 NameNode 的访问压力持续变大，经常在核心时段大量任务运行的过程中出现 Full GC，轻则任务延期完成，重则 NameNode 切换，导致线上事故。

京东数据湖通过自研的 JDK，在对的时间让对的事情发生，减少不可控 GC 发生的概率，定制了京东自己的 G1 垃圾回收器，通过参数可以动态配置定时 old GC 的 GC 工作量和 GC 发生时间。下面通过我们线上的一组参数简单说明这个功能。

```
jcmd  vm.set_flag G1PeriodicGCForceSpanBeginAt  18:00
jcmd  vm.set_flag G1PeriodicGCForceInterval 20000
jcmd  vm.set_flag G1PeriodicGCForceSleep 10000
jcmd  vm.set_flag G1PeriodicGCForce true
```

以上是我们配置的定时 old GC 参数，实现的功能是 18 点开始一个小时的定时 GC 功能，每次 GC 最长时间 20 秒，达到 20 秒后强制暂停 10 秒。通过以上配置，我们就可以对 GC 实现定时、定量的控制，减少对线上业务的影响。上线定制 JDK 后，京东大数据存储集群到目前为止的 360 天中没发生过一次 Full GC。

Namenode 异步选块

在极端情况下，线上集群中的大量繁忙节点会引发选块模块的大量重试，导致系统吞吐量急剧下降。

究其原因，就是原先的版本是用同步方式选块的，当写块访问到达 NameNode 才开始选块，这样会导致整个访问被选块重试阻塞，进而影响系统吞吐。为此，京东数据湖落地方案将选块模块改造成异步方式，用独立线程进行预先选块。

改成异步的选块方案后，单独对比选块性能，可以发现异步方案性能提升接近一百倍；而对于整体的性能优化，即使是在整个集群压力大的时候，选用异步方案 NameNode 也能提供稳定的访问速度。

智能选节点

在大规模集群融合过程中，由于每个存储节点上的计算任务大量增加，导致存储节点出现异常的概率增加。比如计算任务为 CPU 密集型或者 I/O 密集型，这样其运行的物理节点上的 CPU 使用率或 I/O 繁忙度会很高，导致存储访问被阻塞，影响存储和读写性能。

京东数据湖的改进方案是存储节点 DataNode 汇报底层物理节点的相关物理指标，包括 CPU、I/O、memory、load，NameNode 在进行读写选节点时，通盘考虑这些物理指标对于读写性能的影响。在读操作的时候，通过优化节点排序，将异常节点排在读顺序的最后面；在写操作的时候，异常节点不参与选块策略。通过以上改进，线上因计算任务导致的存储读写缓慢现象大大减少。

基于故障域的存储策略

社区版本的副本存储策略，在实际应用时存在以下问题。

- 双机架故障丢失数据的问题。
- 由于第一副本默认写本地节点，大量写入任务分配到同一物理节点时，写本地会导致热节点，阻塞任务。

针对以上问题，京东通过自研实现了基于故障域的存储策略：我们扩展了社区版本故障域的范围，在原先的 rack（机架）的基础上，增加了 Row（一排机架）、Pod（机房里的一个房间）和机房这几个故障域的概念。这样我们可以自定义实现副本分布的故障域级别，比如配置为 Pod 故障域，那三个副本选块策略选择的副本会分布在 3 个 Pod 里面。同时针对第一副本落在本地导致热节点的问题，我们将选块策略第一副本的范围放大到本机架，极大地减少了写本地导致热节点的问题。

案例总结

1）数据安全是存储平台的第一要义，研发上线需要故障隔离机制先行。我们团队的故障隔离机制分为两部分：一是灰度上线，上线顺序是测试集群、日志集群、非核心集群、核心集群，发现问题立即暂停，减少上线的影响范围；二是从研发上确保范围可控，研发上线功能必须确保上线功能支持在线动态开启和关闭，回退功能需要有中间兼容版本。

2）完善的自动化测试环境，节省大量人力和时间成本。我们团队通过搭建 Gitlab+Jenkins 的自动化测试环境，组员提交的代码可自动编译打包并上传到测试集群进行自动化测试。测试完成后自动将测试结果反馈给 Gitlab 页面，确保所有修改都能通过基础功能测试，节省了开发人员的大量时间成本。

3）完善的代码回顾流程，节省人力和时间成本，减少上线事故概率。虽然自动化测试环境能够保证基本功能可用，但是自动化测试用例不可能覆盖所有情况。因此，在我们代码提交的流程中，在通过基本功能测试后，至少还需要组内其他 2 个成员的回顾，得到

案例背景

滴滴数据检索平台是基于 Elasticsearch 构建的一站式搜索平台，涵盖了搜索与推荐、MySQL 实时数仓、安全分析、日志检索四大应用场景，相关的指标数据如图 28-1 所示。

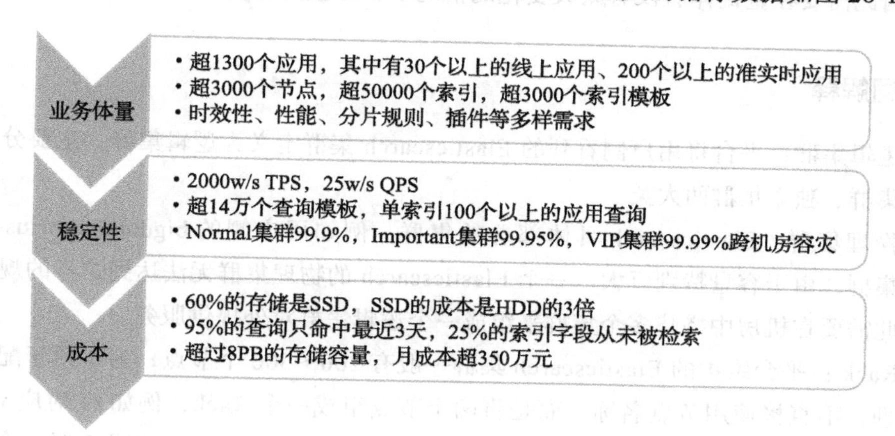

图 28-1　滴滴数据检索平台指标数据一览

PB 级的数据规模和丰富的业务场景给 Elasticsearch 带来了极大的挑战，总结下来主要表现在以下几个方面。

1）线上业务场景：

- 稳定性要求 99.99%，对查询 90 分位性能抖动敏感。
- 多活架构要求，对数据的一致性与及时性都有要求。
- 不同线上业务，插件需求、索引分片规则都是多样的。
- 众多独立集群如何快速平滑地滚动升级。

2）准线上业务场景：

- 离线快速分钟级导入需求，10 亿条数据导入需要 8 个小时，导入时在线资源消耗严重，线上服务基本不可用。
- 查询的多样性，超 14 万个查询模板，单索引最高有 100 个以上的应用同时查询，在多租户场景下，如何保证查询的稳定性。

3）安全与日志场景：

- 每秒千万级数据的实时写入，PB 级日志数据的存储，对大规模 Elasticsearch 的集群提出诉求，但 Elasticsearch 有自己的元信息瓶颈，详见我们团队同事的分享（https://www.infoq.cn/article/SbfS6uOcF_gW6FEpQlLK）。

- 查询场景不固定，单个索引几百亿级的数据体量，需要保障不合理查询对集群与索引的稳定性风险可控。

PB 级存储查询频率低，但查询的时效性要求秒级返回，如果全部基于 SSD 盘，成本太高，因此需要在查询体验没有太大变化的情况下，尽量降低整体的存储成本。

名词解释

- 逻辑集群：平台将用户侧看到的 Elasticsearch 集群定义为逻辑集群，主要分为公共集群、独立集群两大类。
- 物理集群：Elasticsearch 具体部署的集群，例如用户侧的 bigdata-cn-arius-normal 集群，由于容量特别巨大，一个 Elasticsearch 的物理集群无法达到这样的规模，因此需要在机房中搭建多个集群来组成一个逻辑集群对外提供服务。
- Rack：平台维护的 Elasticsearch 集群一般有 200～300 个节点，为了便于配置和管理，不直接使用节点名称，而是将两个节点组成一个 Rack，例如 r1 对应 vip-phy-es-data000.ys、vip-phy-es-data001.ys，这样在索引生成、索引容量规划、冷热节点划分等资源保障上都非常方便。
- Region：一般在一个物理集群中，按两个节点组成一个 Rack，会有 100 个 Rack 左右，平台会在这 100 个 Rack 的基础上再进行资源划分，一部分 Rack 组成一个 Region，如 Region1 由 r1～r10 组成，平台会在这个 Region 上进行容量规划或者索引隔离等操作。
- 逻辑模板：平台中有些非常重要的索引需要多活，同一份数据需要在不同的集群中保存，但是用户侧看到的索引模板是一个逻辑模板。一个逻辑模板会对应一个或者多个物理模板。逻辑模板中保存了索引模板的业务含义信息，包括责任人、成本中心、生命周期、资源 quota、模板标签等信息，这些信息在所有物理模板中都相同。
- 物理模板：物理模板就是逻辑模板在不同 Elasticsearch 集群中创建的模板信息，物理模板保存了具体的集群信息、索引创建的节点信息也不相同。
- DSL 模板：对用户查询 Elasticsearch 的 DSL 语句进行抽象，对查询条件进行归类，如下两条查询语句，本质上是一样的，只是查询条件 traceid 的查询值不一样而已。

```
{"query":{"constant_score":{"filter":{"term":{"traceid":"12334"}}}},"size":"19"}
{"query":{"constant_score":{"filter":{"term":{"traceid":"4321"}}}},"size":"99"}
```

- 在进行查询条件抽象之后，两条查询语句都变成了如下形式，即它们的 DSL 模板是一样的。

```
{"query":{"constant_score":{"filter":{"term":{"traceid":"?"}}}},"size":"?"}
```

DSL 查询模板常用于危险 DSL 检查、查询模板审核、查询模板限流等场景。

案例实施

1. 整体架构

滴滴自 2016 年开始组建团队，经过四个版本的迭代，以 DiDi-ElasticSearch-6.6.1-900 为内核，打造了一站式的搜索平台，整体架构如下所示。

（1）引擎层

- 基于开源社区 ElasticSearch-6.6.1 版本，我们构建了 DiDi-ElasticSearch-6.6.1-900 版本，累计研发 52 个 issue，包括 BugFix、性能优化、功能增强 (DCDR)。
- 基于 Hadoop 构建了 TB 级索引快速平滑导入线上的 Fast-Index 能力，并进行了开源（https://github.com/didi/ES-Fastloader）。
- 兼容原生 ES 协议，开发了 ES-GateWay，解决了租户定义、安全认证、多版本兼容、降级与限流等能力。

（2）平台层

- 面向搜索用户：构建了搜索的平台服务体系，用户能一站式地完成索引模板的创建、Schema 设置、数据的导入、数据探查、性能优化、问题诊断。
- 面向管理员：以索引模板为核心，体系化地构建了索引的监控、告警、资源分配、配置变更的能力。
- 面向 ES 运维人员：以集群为核心，构建了集群安装、升级、扩缩容的运维平台。

（3）服务层

- 稳定性保障：研发了 DCDR 跨集群索引复制能力，解决了索引跨 Region 集群高可用能力的建设问题；研发了基于查询 DSL 模板为核心的审核、降级与限流能力。
- 存储优化：以索引模板为核心，进行容量的预测与规划，提升资源整体的利用率；根据索引模板的访问特性，进行冷热的分级存储，降低存储的整体成本；根据索引模板 DSL 查询特性，对 Mapping 的不合理设置进行优化，降低索引的构建成本。

- 索引模板治理：索引模板以 Quota 为计费单位打造账单体系；构建了健康分体系，鼓励单位存储被更多的业务所依赖与查询，是索引模板治理的核心抓手。

接下来重点介绍滴滴针对 Elasticsearch 在维稳、降本、增效三个方面做的重点工作。

2. 维稳

在日志检索、安全分析等有明显峰谷效应的场景中，当索引数据体量达到 TB 级别时、写入的及时性、查询的稳定性、集群的可靠性问题会突显，我们对于架构与引擎在资源隔离、DSL 服务、索引灾备、引擎迭代四个方面进行了针对性的优化。

（1）资源隔离

根据服务业务类型的 SLA 差异，我们将集群分成 VIP 集群、Important 集群、Normal 集群，定义如下所示。

- VIP 集群：主要是地图、车服、外卖、金融、内搜等搜索 & 推荐线上业务场景对应的集群。
- Important 集群：基于订单类索引服务于客服、运营、司机、特征平台、地图等准线上业务场景对应的集群。
- Normal 集群：服务于日志检索、安全分析、APM 等线下业务场景对应的集群，其中的核心索引会在集群中独占 Region 资源。

不同类型集群稳定性的保障级别不一样，具体体现在以下几个方面。

- 底层资源：VIP 集群都是基于物理机搭建集群，索引都是独占集群；Important 集群中的索引都是独占 Region，底层资源基于物理机或 Docker；Normal 集群索引共享 Region，底层资源基于 Docker。
- 高可用保障：VIP 集群中的索引模板都是逻辑索引模板，支持跨集群同步与灾备切换，物理索引模板双副本存储；Important 集群中的索引都是双副本存储；Normal 集群中的索引可单副本存储。
- 读写分离：集群读写网关分离，不同类型集群的读写网关独立部署。

（2）DSL 服务

滴滴订单数据全量存储在 Elasticsearch 集群中，被 100+ 应用方同时查询，在多租户场景下，Elasticsearch 有以下几个关键痛点。

- 用户 DSL 查询流量突增时不会通知平台方，导致后端资源不足，只能对整个应用进行限流或降级，无法针对特定 DSL 模板。

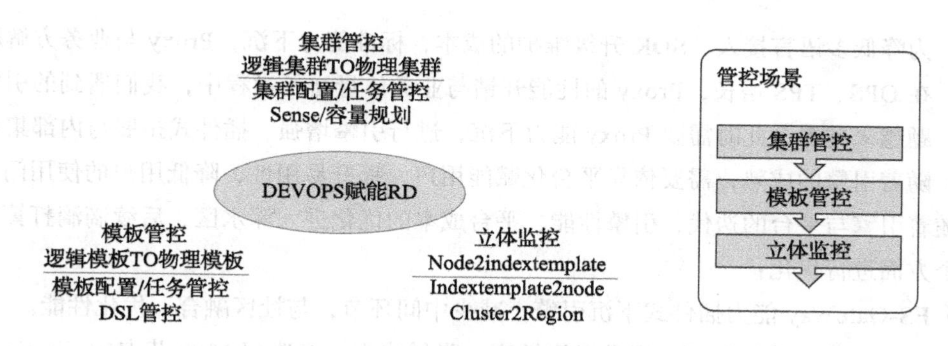

图 28-4　管控平台功能一览

（3）解放运维的 Elasticsearch 运维系统

Elasticsearch 运维系统针对集群的高频运维场景，平台化地提升运维人员的变更效率，助力引擎的高效迭代，功能如图 28-5 所示。

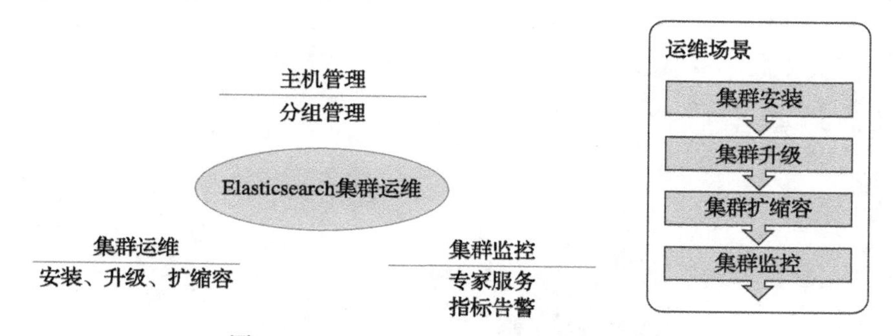

图 28-5　Elasticsearch 运维系统功能一览

案例总结

Elasticsearch 团队通过搜索平台的建设，极大地提升了平台服务用户的效率，释放了答疑、运维、用户人力成本，平台满意度从 60 分提升到 79 分。

平台是不断迭代的，其本质是追求效率的提升，会充分考虑公司所处阶段、人员素质、市场规模、ROI 等因素。成本、稳定性、易用性上要有突破，需要权衡公司处于不同阶段解决问题的方式，要看业务的不耐程度、公司的不耐程度。容易的事情未必正确，正确的事情未必容易，以下是通用的迭代逻辑：

- 浅浅的 SDK 封装，对通用能力进行管控，适用于人员少的场景，容易落地，性价比高。

- 为降低多语言接入、SDK 升级维护的成本，标准能力下沉，Proxy 与业务方解耦。
- 在 QPS、TPS 增长，Proxy 的性能开销与业务体量增长过程中，我们遇到的引擎问题越来越多，此时需要 Proxy 能力下沉，进行引擎增强、插件式拓展与内部集成。
- 随着引擎的成熟，需要依靠平台化赋能用户，提升易用性，降低用户的使用门槛。

随着引擎与平台的迭代，引擎性能、平台成本的优化进入深水区，后续滴滴打算在以下几个方面进行优化：

- ES-GateWay 能力插件式下沉引擎，减少中间环节，与社区融合，优化性能。
- 突破引擎元数据瓶颈，提升运维效率，降低成本，打造超 1000 节点的 Elasticsearh 大集群。
- 基于 Ceph、Docker，改造 Elasticsearh 支持 Cloud Native 的存储计算分离架构。

29 | CHAPTER

洞察用户实时意图：淘系前端端智能实践

作者介绍

周婷婷 花名妙净，阿里巴巴经济体前端委员会智能化方向核心成员，前端智能生成代码平台 imgcook 负责人，负责淘宝导购和天猫品牌营销前端团队。2010 年毕业加入淘宝，曾负责过淘宝前端无线基础库、淘宝无线性能优化体系、淘宝营销搭建体系，目前专注在前端和智能化的结合应用。

案例背景

当今社会，移动互联网蓬勃发展，人们的出行、购物、娱乐越来越多地依赖移动设备。与此同时，机器学习在图像、语音、文本识别等领域大放异彩，取得了令人瞩目的成绩。工业界已经有许多公司尝试着将两者进行结合，借助AI的能力带来新的交互体验，且各大手机厂商纷纷针对移动端推出了AI芯片和AI框架（Google的Tensorflow lite、Facebook的Caffe2），创造了各种新奇玩法，例如Apple的FaceID、抖音的实时AR相机和Google的实时翻译，并取得了很好的业务效果。端智能在人机交互中能让产品更懂用户，尤其是对于用户实时意图的洞察，手淘业务流量大部分在淘内，且大部分频道业务的人机交互界面由前端实现。

为了应对随之而来的复杂多变的业务需求，也为了让更多动态化的业务（例如HTML5、Weex）能充分地享受端智能带来的业务赋能效果，下面我将为大家介绍前端在端智能中的体系建设和初步的业务落地。

案例实施

1. 端智能的优势

对比服务端，端智能带来的好处主要有以下几点。

- 低延时：端智能节省了服务端通信的时间，在实时性方面有较大优势，这对于一部分重前端交互的业务特别重要（例如AR美妆），如果延时高，用户体验将大打折扣。
- 隐私性强：数据全部存储在本地，能很好地保护用户的浏览行为、收藏、地理位置等隐私信息，尤其现在国家工信部开始严控企业对用户隐私数据的使用，国外的隐私法案也陆续出台，如欧盟数据保护法案（GDPR）、加州消费者隐私法案（CCPA）等。
- 省算力：节省服务端算力资源。服务端的计算成本随着用户的增长而增长，而当前移动端的算力正在经历爆炸式的增长，以iPhone X的A11芯片为例，它集成了43亿个晶体管、6核的CPU、3核的GPU（专门针对3D游戏、深度学习、AR进行优化），这样的算力即使是用来运行深度模型也不会有太大的压力，所以在端侧运行模型可以解放一部分服务端的算力压力。

在有了职责清晰、灵活可用的工具包且定义了完整的数据格式规范后，我们在此基础上针对实际业务使用和接入情况，做了一些优化，让端上的数据能更好更快地发挥它的作用，同时降低业务方的使用成本和调试时间。

我们在天猫会场和淘金币接入端智能的过程中，发现采集数据时还是需要对业务代码做很多的入侵，所以我们对 BehaviorJS 进行了增强，封装了 init 方法。只需要调用 init 方法且结合业务自身已有的滑动、页面进入、页面离开事件，就可以直接采集到用户在页面上的滑动、页面进入和页面离开事件。

在各导购业务接入端智能的过程中，采集一些具体的用户行为（点击、曝光）时依然需要开发者耗费大量精力去一个个埋点，很烦琐，所以我们为业务方提供了附带行为数据采集能力的点击、曝光和滑动组件。

模型能力

这一层的目的在于为模型的运行提供稳定、高性能的运行环境（支持常规的机器学习模型和大规模的深度学习模型），最大化地发挥算法模型的能力，同时封装常用的数据读取接口，便于算法人员计算特征。为了满足这些要求，我们选择了 Tensorflow.js 来为模型的运行提供支持。

目前 TensorFlow.js 支持的算子相对于 Tensorflow 来说还是存在一些不足的，但是基本的算子都已满足，例如常用的 conv2d、gradients、dropout、in_top_k 等都已经完美支持了，更多详细情况，可以在 https://github.com/tensorflow/tfjs/tree/master/tfjs-core/src/ops 中了解学习。

这一层对性能有比较高的要求，因为我们的模型是运行在端上的，而模型的运行时间又和模型大小息息相关。对于部分深度学习模型，模型的大小可能会有几十 MB 甚至几百 MB，且 JavaScript 又是单线程执行的，所以在设计之初要把性能问题给考虑进去。

在 HTML5 和小程序中，我们通过开启 worker，异步执行模型并通过固定名称和格式的回调函数把执行结果传递给主线程，从而避免预测模型时阻塞主线程。而对于端内（手淘 APP）环境，我们和客户端通过 JSBridge 进行通信，将模型的名称、页面名称和初始数据传入，然后通过回调函数接受模型的执行结果，具体模型的运行和性能优化交基础层来执行。

在实际开发的过程中，对于同样的输入，Tensorflow.js 在运行机制上需要在第一次预测时将 CPU 上的模型搬运至 GPU 运算环境，所以第 1 次和第 2 次的预测时间可能相差 10 倍以上，所以我们推荐在使用模型前传入一组 Tensor 对模型进行预热（未来考虑把此功能内置，减轻使用者的负担）。

（2）研发态架构

前端端侧智能的研发态架构如图 29-4 所示。

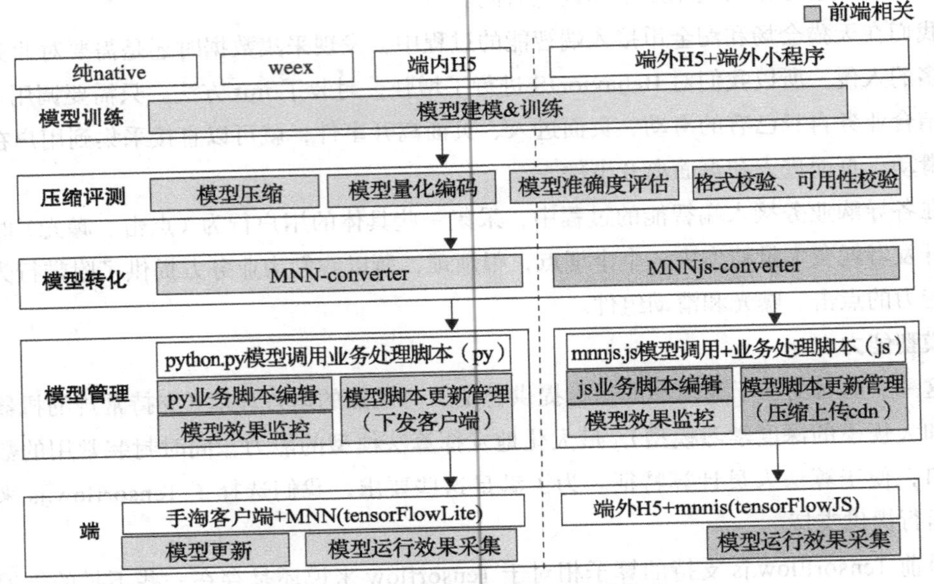

图 29-4　前端端侧智能的研发态架构

这一层的目的是为了方便算法人员训练模型，在预发上调试模型效果，同时针对不同运行环境做性能优化。因为算法模型需要在大量样本训练后，才能发挥出效果，并在后期的迭代过程中需要依据新的样本做出调整，因此为了让算法同学能更方便更快地部署、下发和更新模型，我们针对端侧智能的研发态提供了解决方案。

算法模型从开发到落地，需要经历开发、调试、测试、转换、验证、灰度、发布、监控等一系列环节，以模型训练为例，因为端上的数据本身就会被抽样并通过数据通道上传到 ODPS，所以算法人员在这里的流程和原先在离线训练模型平台上训练模型是一样的，没有学习成本。下面重点来介绍下模型文件撰写、模型转换和模型发布。

模型脚本

每个人在撰写模型脚本的时候都有自己的风格和喜好。我们出于增强代码的可读性、与模型运算框架更好通信以及监控模型运行状态的原因，提供 Base 基类，所有的模型脚本时都需要去继承这个 Base 基类，并在其中实现 constructor、run、finish 以及 output 方法。对齐 Native 客户端模型和服务端模型提供的方法，对于算法人员更友好，不管模型运行在哪里，模型的处理脚本都能保持一致的 API。

模型转换

以深度学习模型的发布为例，在离线模型训练平台训练好模型后，我们需要借助工具来将其转换成 TensorFlow.js 支持的模型。针对当下最流行的两套开发框架（TensorFlow 和 Caffe），我们提供了两种解决方案。

- TensorFlow Frozen Graph to TensorFlow.js：TensorFlow Frozen Graph 将在 TensorFlow 2.0 正式被移除，而对应的转换服务也会被移除，所以这里我们需要使用较老版本的 Tensorflowjs-converter（0.8.6 版本）来进行转换，转换完成后得到一个 json 文件与一个二进制文件。
- Caffe to Tensorflow.js：使用 MMDNN 直接进行转换。

考虑到使用 MMDNN 后的模型在 runtime 上耗时会比较久，我们更加推荐使用 Tensorflow-convert。

模型转换的功能只针对深度学习模型，其他的机器学习模型（例如 GBDT）不需要有这一步。

模型发布

若希望模型在端外跑起来，则需要把转换后的模型文件（.json）和对应的 JavaScript 执行文件通过构建器会将算法 JavaScript 文件编译和压缩，并把压缩后的算法文件和 model 文件一起发布到线上 CDN 地址，那么在端外就可以直接通过 URL 进行访问使用。

案例总结

当前阶段，端智能已经完成了从 0 到 1 的过程，包括数据、模型、模型容器、触达通道、算法工程平台，但是现阶段端智能更多被用来采集实时行为数据，实现实时曝光功能，且在端外真正落地的算法模型比较有限。现在来看回退推荐、跳失点预测是大家比较认可的，而其他的模型还在挖掘和探索中，整体来看，现在是端智能前期发展的一个摸索阶段。

30 | CHAPTER

抵御 5000 万笔交易背后的欺诈：甜橙基于 Apache Pulsar 构建新一代金融风控系统的探索与实践

作者介绍

谢巍盛（Vincent Xie） 甜橙金融人工智能研究院院长，首席数据科学家和高级总监。从零开始建立了甜橙金融大数据和人工智能团队，搭建了大数据和 AI 基础架构。通过数据驱动的转型策略，极大促进了公司的总营收增长。曾在 Intel 工作 8 年，主要研究机器学习和大数据相关的开源技术和产品。

翟佳 StreamNative 联合创始人，开源技术爱好者，开源项目 Apache Pulsar 和 Apache BookKeeper 的 PMC 成员和主要代码贡献者。曾任北京 EMC 流存储团队的 Tech Lead。StreamNative 是一家围绕 Apache Pulsar 和 Apache BookKeeper 打造下一代流数据平台的开源基础软件公司。

案例综述

解决目前主流大数据实时风控系统存在的一些突出问题，期望探索引入Apache Pulsar降低系统复杂度、数据冗余度，提高资源利用率及开发效率。通过引入Apache Pulsar解决方案，统一计算引擎、数据存储及开发语言，极大降低金融风控系统的复杂度，具体如下：

- 和Lambda架构相比，复杂度下降33%（集群数量从6个减少到4个）。
- 存储空间节省8.7%。
- 数据科学家的生产效率提高11倍（支持流SQL）。
- 统一的架构带来更高的稳定性。

案例背景

Lambda架构目前广泛用于实现主流的大数据风控系统，但维护离线和实时两套不同的系统带来的复杂性给企业的存储、运维及开发能力提出了较高的要求。Kappa架构通过维护一套代码应对批/流计算以降低系统复杂度，但在我们的实践中发现仍存在诸多问题。在金融风控领域，有大量需要频繁追溯的历史数据，或要在全量数据上进行关联查询，又或者要进行维护时序等操作。和流计算处理相比，这些需求往往更适合通过离线批量计算来解决。本案例聚焦金融风控领域，分析常用的实时风控架构，以及Apache Pulsar如何帮助降低传统的实时风控系统的复杂度与资源成本并提升开发效率。

案例实施

当前互联网金融公司每天都会面临各类金融诈骗，例如身份盗窃、洗钱、会员欺诈、商户欺诈等。随着中国用户手机支付的应用场景逐渐增多，普及率逐渐增大，对金融安全的控制就更加需要重视了。

移动支付在电商、金融、交通出行及零售等各领域的渗透率在逐年升高，简单便捷是移动支付得以快速发展的主要原因，扫码支付是当前最常用的移动支付方式，用户通过扫码就能在瞬间完成一笔交易。移动支付带来便利的同时，也为后台的风控系统带来了严峻的挑战。看似瞬时完成的交易，其背后往往经过了成百上千的策略运算，用以控制金融风险。在手机支付业务上，我们面临着如下挑战。

- 高并发：每天的交易量超过 5000 万，每天处理超过 10 亿次的事件（高峰期达到每秒 35000 次）。
- 低延迟，响应速度要控制在 200ms 内。
- 大量的批处理作业和流处理作业。例如要计算一个商户上个月的交易总量，需要统计过去 29 天的交易总量（批处理）和当天的交易总量（流处理）。

1. Apache Pulsar 介绍

Apache Pulsar 是下一代云原生分布式流数据平台，源于 Yahoo，2016 年 12 月开源，2018 年 9 月正式成为 Apache 顶级项目，逐渐从单一的消息系统演化成集消息、存储和函数式轻量化计算于一体的流数据平台。

Apache Pulsar 是灵活的发布 - 订阅消息系统（Flexible Pub/Sub messaging），采用分层分片架构。Pulsar 使用的是计算与存储分离的云原生架构，数据从 Broker 剥离，存在共享存储内部。上层是无状态 Broker，复制消息分发和服务；下层是持久化的存储层 Bookie 集群。Pulsar 存储是分片的，这种构架可以避免扩容时受限制，实现数据的独立扩展和快速恢复。

Apache Pulsar 将无界的数据看作是分片的流，分片分散存储在分层存储（tiered storage）、BookKeeper 集群和 Broker 节点上，而对外提供的是一个统一的、无界数据视图。此外，Apache Pulsar 不需要用户显式迁移数据，减少存储成本并保持近似无限的存储。

2. Apache Pulsar 的优点

（1）云原生架构和以 Segment 为中心的分片存储

Apache Pulsar 采用了计算和存储分层的架构，以 Segment 为中心分片存储数据。Pulsar 集群由两层组成：无状态服务层，由一组接受和传递消息的 Broker 组成；分布式存储层，由一组名为 Bookies 的 Apache BookKeeper 存储节点组成，具备高可用、强一致、低延时的特点。

Pulsar 基于主题分区（Topic partition）的逻辑概念进行主题数据的存储。Kafka 的物理存储也是以分区为单位的，每个 Partition 必须作为一个整体（一个目录）存储在一个 Broker 上，而 Pulsar 的每个主题分区本质上都是存储在 BookKeeper 上的分布式日志，每个日志又被设置成 Segment，每个 Segment 作为 BookKeeper 上的一个 Ledger，均匀地分布并存储在多个 Bookie 中。

存储分层的架构和以 Segment 为中心的分片存储是 Pulsar 的两个关键设计理念。因此 Pulsar 有很多重要的优势：无限制的主题分区、存储即时扩展，无须数据迁移、无缝 broker 故障恢复、无缝集群扩展、无缝的存储（Bookie）故障恢复和独立的可扩展性等。

（2）Pulsar 提供了两种级别的 API，通过发布 - 订阅来处理流计算，Segment 处理批计算

在流计算中，Pulsar 基于发布 - 订阅模式（pub-sub）构建，生产者（producer）发布消息（message）到主题（topic），消费者可以订阅主题，处理收到的消息，并在消息处理完成后发送确认（Ack）。Pulsar 提供了四种订阅类型，它们可以共存在于同一个主题上，以订阅名进行区分。

- 独享（exclusive）订阅：一个订阅名下同时只能有一个消费者。
- 共享（shared）订阅：可以由多个消费者订阅，每个消费者接收其中一部分消息。
- 失效备援（failover）订阅：允许多个消费者连接到同一个主题，但只有一个消费者能够接收消息。只有在当前消费者失效时，其他消费者才开始接收消息。
- 键划分（key-shared）订阅：多个消费者连接到同一主题，相同的 Key 总会发送给同一个消费者。

在批处理过程中，Pulsar 以 Segment 为中心，从存储层（BookKeeper 或分层存储）读取数据。

Apache Pulsar 的数据处理架构使用 Pulsar 存储数据，使用 Spark 作为计算引擎，它们采用统一的 API 。

在 Spark 2.2.0 版本中，Structured Streaming 正式发布，这为 Spark 的批流统一提供了基础。对于实时数据，可以通过 Spark Structured Streaming 来读取；对于历史数据，可以通过 Spark SQL 来交互查询。

3. Lambda 架构介绍

在金融风控场景下，业内绝大多数公司采用 Lambda 架构。他们使用 Lambda 架构进行风险指标开发，诸如每月平均的消费频率和金额数，最后一分钟、最后一个月和一年的登录频率或是两次转账之间的时间间隔等。其中一些指标需要回溯大量历史数据，这些数据存储在 Hive 中，并且通常以批处理的方式计算。还有一些指标取决于当前交易中的数据，并且当前交易的决策需要用到这些指标。实时交易数据存储在消息队列（例如 Kafka）

中，流计算被广泛采用（例如 Spark 流）。

（1）Lambda 架构的缺点

采用 Lambda 这种体系结构需要维护 Kafka、Hive、Spark、Flink 等多个集群，也要求工程师在 Scala、Java 和 SQL 等语言间来回切换。Kafka 尝试通过仅保留一个代码库而不是为 Lambda 体系结构中的每个批次管理一个代码库和速度层的方式来简化。

这种架构的复杂性主要来自必须处理流中的数据，例如处理重复事件、交叉引用事件或维护顺序，这些操作通常在批处理中更容易进行。尽管如此，公司仍在寻求一种解决方案，可以统一数据存储、计算引擎和编程语言，降低系统复杂度，进而能够在开发中提升实际生产效率并降低成本。

（2）Apache Pulsar 架构在甜橙金融的应用

在对 Lambda 系统架构的升级过程中，主要涉及两个方面的内容。

一方面是把原有架构中的数据导入 Pulsar 中。对于实时数据处理，Kafka 数据的导入使用了 StreamNative 开源的 pulsar-io-kafka（https://github.com/streamnative/pulsar-io-kafka）项目，它会把 Kakfa 中的数据读出并写入 Pulsar 中；对于批处理，Hive 数据的导入使用了 StreamNative 开源的另一个项目 pulsar-spark（https://github.com/streamnative/pulsar-spark），它会直接利用 Spark 来查询 Hive 中的数据，并将查询结果以 AVRO 格式的 Schema 存入 Pulsar 中。

另一方面是采用新的架构来处理 Pulsar 中带有 AVRO 信息的记录，比如用 Spark Structured Streaming 做实时处理，用 Spark SQL 进行批处理和交互式查询。

这种新的解决方案具有统一的计算引擎、数据存储及开发语言，相比 Lambda 极大降低了系统复杂度。

案例总结

Apache Pulsar 是一个云原生的消息流系统，具有多层架构，采用认分片（Segment）为中心的存储方式。Pulsar 支持两种级别的 API，发布 - 订阅与 Segment，可提供统一的数据视图。将 Pulsar 和 Spark 结合使用，可以统一数据处理，简化操作。

智慧金融为大势所趋，协作共赢是互联网金融生态圈发展的主旋律，使用 Apache Pulsar 解决方案构建新一代金融风控系统，可以降低数据冗余，降低集群运维成本，提高开发效率。

31

31 | CHAPTER

贝壳找房房源中台建设演进实践

作者介绍

窦圣伟 贝壳找房人店平台技术中心架构师。曾先后就职于百度、豆瓣、美团等知名互联网公司，目前在贝壳找房负责房源中台的建设，致力于打造符合产业生态的业务中台系统。对复杂业务系统的架构设计抱有浓厚的兴趣。

案例综述

本案例将为大家介绍贝壳找房支撑一线门店作业的B端房源系统如何从仅支持原链家直营的单体应用，逐步演进为支撑90多个城市，涵盖二手、租赁、托管、商业地产等多种业务品类的房源中台系统。

本文涵盖关于面对复杂业务系统的服务化拆分、架构演进，以及如何以中台化为目标进行扩展点建设的大量实践案例，相信可以在业务系统治理、中台建设等方面给予大家一些启发。

案例背景

2018年初，随着贝壳找房的全面上线，原链家业务模式从单纯自由的直营模式向平台化、加盟化迈出重要一步。伴随着加盟模式的扩张，链家在房产交易行业沉淀多年的经验打法逐渐从一二线城市向三四线城市下沉。在这个过程中，我们遇到了大量的城市特化需求，整个系统原有的业务规则甚至核心模型都受到了严重的冲击。

贝壳找房产研团队通过中台建设的方式，逐步完成了从被业务牵着鼻子走，到能够快速灵活主动地响应业务诉求的转变。

案例实施

1. 定位与目标

“中台”是近年互联网行业中非常火热的话题，“中台”分为很多种，有注重数据分析能力建设的数据中台，有专注于业务功能重用的业务中台，有提供基础设施套餐化的技术中台，也有致力于策略算法服务化的算法中台。贝壳找房的“房源中台”的定位是业务中台。

业务重用是工程开发中非常朴素的诉求。贝壳找房的业务基本上都是围绕房产交易展开的，其特点可以概括为业务链路长，环节众多，地域差异性明显。基于以上的诉求和背景，我们的房源业务中台围绕以下两个切入点展开：提供房源数据流转效率；屏蔽平台/后台复杂性。

一方面希望提升房源数据在整个冗长业务流中的额流转效率；另外一方面通过封装后

台、平台的若干复杂细节，屏蔽它们的复杂性，提升前台的接入效率。

2. 领域架构分析

如果当下的业务没有清晰的蓝图，那后面的任何措施都将如履薄冰，甚至无从下手。我们从领域架构分析入手，通过DDD（领域驱动设计）的相关方法论和工具去深入分析业务，这是我们中台建设的开端。

在前台业务层面，我们有二手房、租赁、托管、商业地产等若干业务线。在中台层面，我们梳理确立了“七纵两横”的领域架构：

- “核心委托域”是整个房源业务的聚合根，是最核心的子域，房源的录入、核销等是其中最主要的事件。
- “角色资源”和“标准作业”奠定了房源作业的最小功能子集，经纪人通过这些核心流程的作业获取角色并最终分得业绩。
- “品质保证”“作业提效”“安全风控”“协作撮合”都是支撑性的功能，它们的存在让整个业务的完备性及经纪人的使用体验进一步提升。
- “权限规则”和“数据能力”是两个通用域。“权限规则”是被抽象出来的在当前业务背景下具备通用性的权限校验模块，“数据能力”负责组织散落在各个子域中的实体和值对象整体对外输出。

我们旗帜鲜明地认为领域架构是系统设计、流程设计、组织分工需要遵循的最基本原则。一些架构书中会有这样的观点，“有什么样的组织架构就有什么样的系统架构”，对于这种观点我们持批判性看法。在相对宏观的层面中，组织确实可以在一定程度上决定系统架构，但更合理的方式永远都应该是依据业务现状合理地设计和调整组织，这样在业务真正推进的时候，团队中的每一个成员才会觉得得心应手。

3. 系统架构演进

（1）数据服务下沉

在架构演进的第一阶段，我们依照之前领域分析的结果将最底层的数据能力做了下沉，把早期的5个子域的数据访问层拆分成了独立的服务，且基于当时直营和加盟业务差异性较大的判断（后续证明这里实际上走了弯路），搭建起了一套加盟房源前台，如图31-1所示。

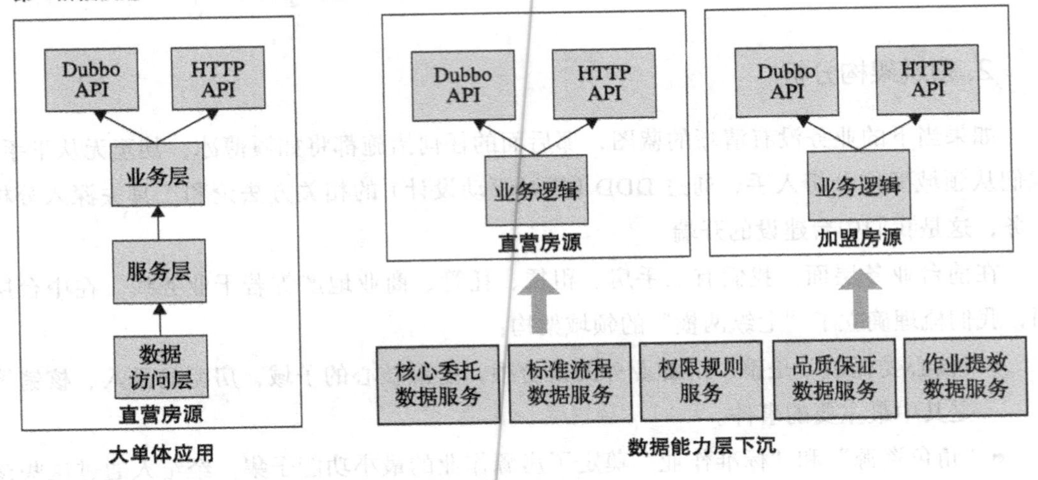

图 31-1 架构的第一阶段演进

这样做的收益主要有以下 3 点。

- 业务快速发展上量，底层的数据访问（例如 MySQL）遇到了性能瓶颈，需要尽量做对上层业务透明的性能优化。
- 针对模型的改造更标准、更彻底，在存储模型和业务模型之间总是存在差异，这种差异随着业务的迭代随时在变化，分层的明确有利于将“腐败”的可能性隔绝在底层，也更明确这种修改什么时候需要侵入到业务层。
- 可以让其他业务先依照中台的数据模型接入数据，为日后业务层的复用奠定坚实的基础。

当然，这样的做法也有一定的风险，最显而易见的两个问题是：技术层面绕不开的分布式事务问题及业务层面的数据隔离性问题。

对于分布式事务的问题，在我们的业务场景下相对来讲还是有一定容忍空间的，所以首要的处理原则是不能为了有限的收益提升大幅增加系统的复杂度，在例如角色生成等关键环节，我们通过异步化、补偿等常规机制来规避就能起到很好的效果。同样在数据隔离性方面，我们通过一些简单有效的手段来做最基础的保障，例如将业务和房源类型进行对照，做统一且业务侵入可控的逻辑校验。

（2）领域服务重构

在架构演进的第二阶段，我们开始建设业务部分，可以看到除了比较特殊的通用域

“权限规则”以外，其他垂直业务功能领域都相应建成了“领域能力层”，将原来停留在大单体应用中的复杂的业务逻辑做了重构后的拆分和下沉，如图 31-2 所示。

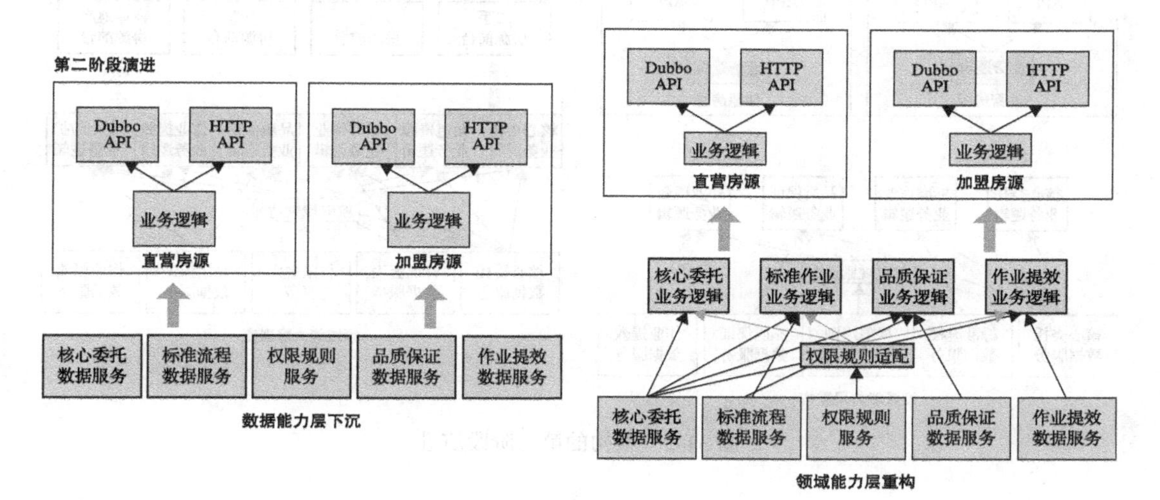

图 31-2 架构的第二阶段演进

系统建设同样遵循“攘外必先安内”的简单道理，对既有复杂业务系统处置的第一要务是做好防腐。以“组对盘”系统为例，作为管理一线门店和楼盘、楼栋责任关系的最基础权限系统，对该系统的调用几乎充斥在房源所有的功能模块中，所以在直营和加盟模式下需要万分小心地处理组对盘粒度的差异性。我们通过一个中间层来抹平这种差异性，确保上层业务不会出现“非直营即加盟”的腐败代码。

对于一个业务系统来讲，“核心域”和“通用域”的腐败是我们需要防范的，这应当是研发团队需要坚守的关于系统建设的底线（无论业务的急迫度与优先级如何），否则长期积弊，技术团队将进入“挖坑填坑，放火救火”的人力黑洞。

（3）领域组件化拆分

第三阶段是值得大书特书的阶段，在这个阶段中，我们的系统终于具备了“业务复用”的价值。如图 31-3 所示，在宏观层面我们做服务化的拆分，角色子域从愈发臃肿的委托核心域做了拆分，此外，为了能够快速响应系统在应对安全风险方面的需求，我们将安全子域从品质域中做了拆分。

随后我们还合并了直营与加盟的房源前台，并跟随业务脚步按照二手与租赁的业务类型维度重新拆分了前台，如图 31-4 所示。

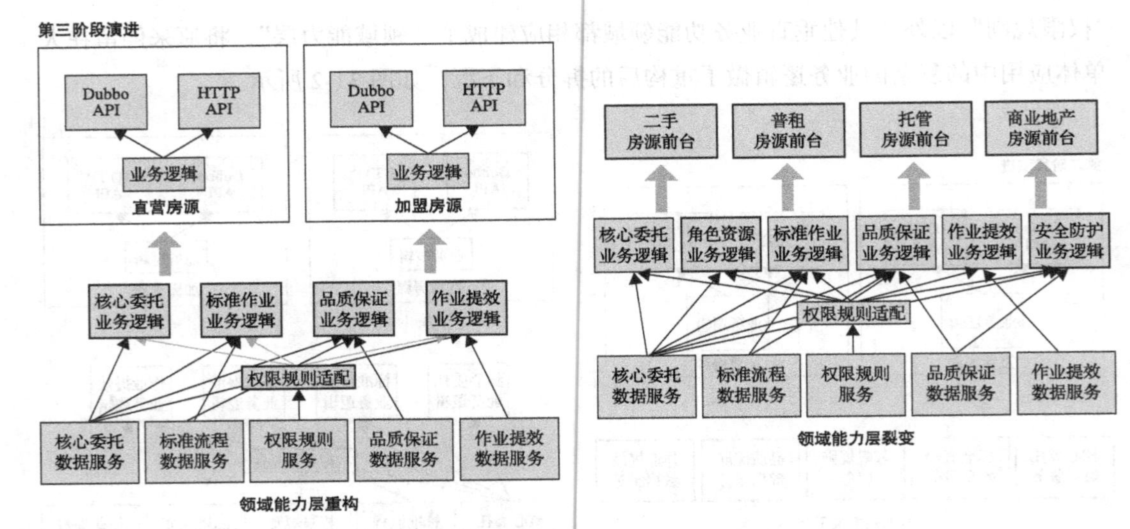

图 31-3　架构的第三阶段演进

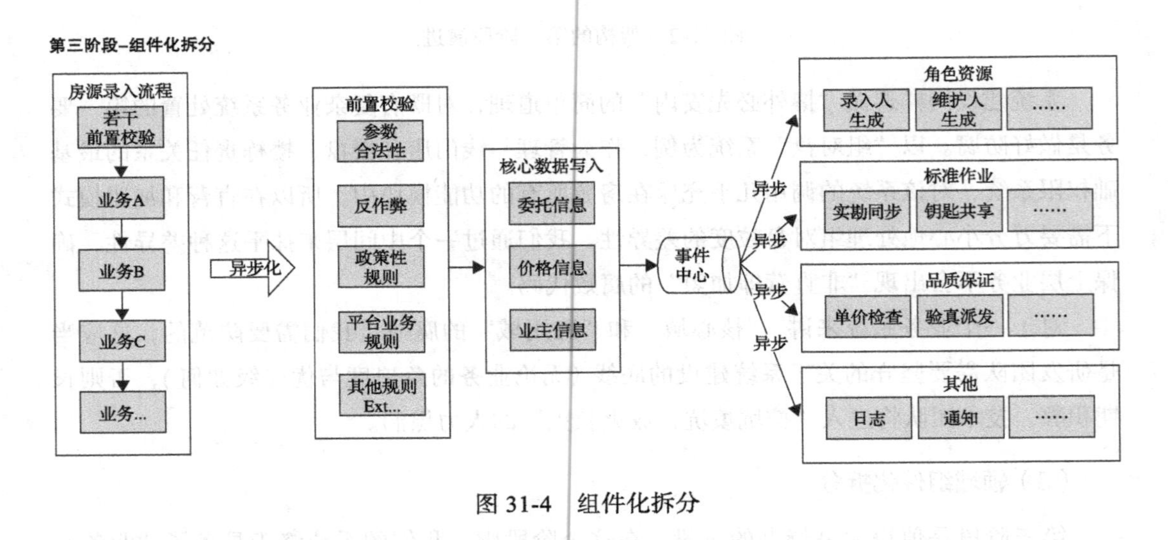

图 31-4　组件化拆分

宏观层面的服务化拆分很难与中台化的目标直接契合，所以在这里我们更希望强调的是微观层面的组件化建设，以图 31-4 中的“房源录入组件化改造”为例，在架构层面我们通过异步化地拆分大幅提升了系统的吞吐量和可维护性。在中台能力层面我们拆分出了“房源录入校验组件”，该组件沉淀了关于房源唯一性、政府政策校验等若干多业务可复用的能力。

通过一系列粒度合理的组件化拆分，我们既有效地改善了系统架构的合理性，又沉淀出了一系列业务可复用的中台组件。

从这个阶段开始，我们才认为自己基本实现了帮助业务屏蔽后台 / 平台复杂度的初衷，以图 31-4 中“实勘组件”为例，作为一个典型的多后台服务交互业务，实勘的接入需要和摄影师系统、如视 VR、楼盘字典、数据智能、运营平台（司南）等若干后台服务产生交互，一个新业务线完整接入公司级实勘的成本居高不下。而中台对这些后台服务的统一封装有效地降低了业务接入的成本，实现了对接效率从“M×N”到“M+N”的提升。

在实操层面，我们通过业务梳理真正去找寻前台业务触点，例如实勘流程中的下单、审核和物料展示三个环节，围绕这些业务真正关注的节点做接口设计。对内而言我们需要重点关注扩展能力，在流程框架下预留足够的扩展点以支持业务可能提出的特化需求。

对于扩展点的建设，我们总结出了多维度配置化责任链的基本打法，以“实勘预约权限”为例，在中台层面对于楼盘范围、摄影师配置、录入人保护期等规则是各方业务均接受和认可的通用规则，而对于成本的考量则是某些业务部门的特殊扩展规则，责任链模式可以有效地将这些规则组织在一起并形成有效的沉淀和灵活的编排。另外一个潜在的收益是可以非常清晰地向业务表述中台与前台的边界在哪。

配置化体现在规则节点生效与否的问题上，我们提炼出业务上最常发生变化的维度作为配置的维度，例如这个场景下的“城市 + 房源类型 + 实勘类型”，基于此可以灵活地上下线不同城市、不同房源类型、不同实勘类型的实勘预约规则。

（4）接入能力建设

如图 31-5 所示，作为公司最上游的业务系统，我们的数据会流转到若干个下游。

对于贝壳业务更全面和宏观的思考促进了我们第四阶段的演进——服务接入能力建设，可以说这个阶段真正建成了具有贝壳特色的业务中台——提升房源数据在整个业务链路中的流转效率。

我们抽象提炼出了所有下游业务线对于房源数据的流转诉求，通过建设“业务事件中心”“数据开放平台”和“数据同步服务”这三个服务完美覆盖和满足了它们。

- 业务事件中心：梳理出核心的业务事件，例如“房源录入”“角色生成”等，通过标准化的事件粒度和消息格式赋能（主动推送）使下游具备毫秒级感知业务事件发生的能力。
- 数据开放平台：通过对房源数据的抽象分包，我们将房源近 200 个明细字段拆分到几十个数据包中（内聚性越高的字段放在同一数据包中），业务可自主申请自己需要的数据包，开放平台提供规范标准的可调用 API。

- 数据同步服务：数据同步服务本质上是对事件中心和开放平台的“推拉结合”，由业务方自己进行“推拉结合”固然能在效率和带宽等若干方面达到全局最优，但在部分场景下却不适用，例如像与21世纪中国不动产官网对接这样的外网场景，需要有更全面、更彻底的隔离机制，对此，我们在推拉数据流的基础上增加了“文件生成”“数据加密”等能力，从而实现跨公司的数据交互。

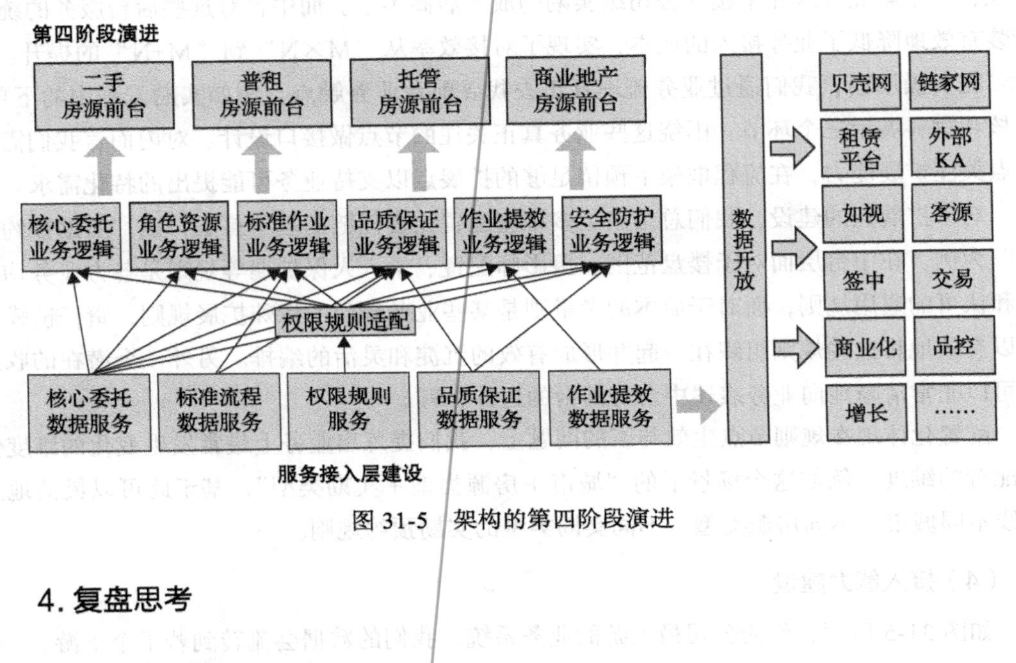

图 31-5 架构的第四阶段演进

4. 复盘思考

（1）中台的能力范畴

业务中台应提供端到端全链路的能力支撑。

从“数据存储”“业务规则”到“交互界面”的完整链路本身就可以看作是一个更宏观的责任链，我们对链条中的节点承诺可替换，但通常优先级是这样的：出于对数据的统一归集和输出的考虑，业务中台一般会首先要求业务统一数据，不允许替换；在业务逻辑层面通常会是通用和特化并存的局面，所以关注的重点在流程框架和扩展点机制的设计上；交互界面通常是业务特化最明显的地方，特别是像“房源详情页”这样的业务上的主功能入口，业务人员通常很希望有自己的主控权。

但上面的观点也不能一概而论，这里也给出一些反例。

- 标签中台：标签中台最重要的点是数据存储的可替换能力，即快速的数据源接入能力，因为通常标签规则的计算都会用规则引擎、表达式引擎等方式来做泛化实现，数据接入的效率就成了标签中台发挥价值的瓶颈。

- 钥匙组件：在用户界面层面，像“钥匙上传表单”“钥匙管理列表”都具备很高的通用性，这种服务于具体组件的页面通常没有必要让业务进行重复性建设，由中台直接支持就可以了，在部分文案和链接上实现一些配置化的成本也很低。

（2）中台的衍生路径

中台建设的自然路径是从公司核心业务不断演化而来的。

二手业务是公司最早的业务，GMV 占比和话语权相对来讲也是最高的，后续细分业务在建设中会自然而然地参考二手业务的规则并加以简化，这就给二手业务做中台制造了很多契机。我们非常感谢租赁、商业地产在中台建设中给予的配合和支持，没有这些业务的鞭策就很难有动力持续投入到二手的中台化改造中。

（3）中台运营

技术运营是不可忽视的影响中台成败的关键因素。

我们有做过一些比较成功的中台运营策略，例如中台发布会和 BP 机制。中台数据服务的第一次爆发式接入就是在做完第一次中台发布会后，公司内的客户蜂拥而至，后续的 BP 机制和专项对接群是我们最终能够令这些客户满意的关键。

有一些地方我们也做得不那么尽如人意，比如在文档建设和流程时效性方面我们还有很大的进步空间。在文档方面，很多同事还是习惯于 WIKI 管理、散点对接的老方式，这方面还需要寻找更有效的改进方案；在流程时效性方面，因为人力和二手前台的合用，偶尔也不能让业务方那么满意，我们还在持续摸索“业务内聚、沟通效率与人力隔离”的平衡性，期望来年在组织架构层面能有更好的变化去迎合中台战略。

案例总结

（1）成功要点

通过领域架构分析，厘清了系统中若干混乱模块，建立起产研认知一致的领域边界，为团队高效的分工协作及流程、系统的设计原则奠定了基础。

通过合理粒度地服务化拆分，在基础架构较薄弱的情况下大幅改善了系统稳定性和迭代效率。

通过数据中心、业务中心和服务接入中心的逐步建设，不断为中台赢得客户的信任，积累了多个前台最佳实践，形成了“中台积淀、业务反哺”的正循环。

（2）ROI 分析

数据能力方面，房源中台通过开放平台、事件中心、同步服务三位一体的系统化建设，很好地串联起公司若干业务线，整体提升了长业务链路上核心业务数据的流转效率。

作业能力方面，新兴业务品类大量复用原有二手、租赁业务沉淀多年的业务规则，前台与后台的对接时效直接从 M×N 降低为 M+N，大幅提升了研发效率，并可以基于框架流程灵活定制，具备很好的扩展性。

（3）案例启示

- 复杂业务系统，需要做非常明确的领域架构分析，明确领域边界，保证产研团队认知一致，分工明确。
- 服务化拆分应结合业务现状、公司基础架构能力、研发团队的实际情况等方面做综合考量，从而做到全局最优。
- 业务中台需重视框架流程设计，强调框架思维，形成追求优雅设计的良好氛围。
- 前台对中台存在数据输出、业务复用、接入自主等若干方面的诉求，需要有合理的优先级和取舍，才能逐一满足。

32

| 32 | CHAPTER

裹裹寄件的数智化演进

作者介绍

吴黎霞 花名浪迹，菜鸟人工智能部高级算法专家。目前负责菜鸟末端智能化与城市计算团队，主要研究机器学习、运筹优化、城市计算、轨迹挖掘等方向，解决末端网络规划、快递员与车辆运力调度、线下商业化等问题，涉及菜鸟裹裹、菜鸟驿站、快递与仓配末端的智能化工作。在加入菜鸟之前，2012 年～2016 年在 B2B 及阿里妈妈从事搜索与展示广告中与机器学习相关的工作，包括用户行为挖掘、展示广告精准定向、搜索广告匹配与排序、RTB 竞价、广告主自动化营销等。拥有较丰富的将人工智能在线上及线下场景结合应用的经验，在 ToC 及 ToB 领域均完成了大量落地的智能化产品。

案例综述

菜鸟裹裹本身就是一个全链路线下物流的缩影，而快递员调度则是其中较为核心的问题，也是目前各同城物流场景的基本问题。快递员调度的好坏直接决定了物流的揽件或配送成本，也决定了消费者对于物流的体验。本案例主要解决如何落地快递员智能调度算法并不断地改进，从传统的优化方法到数据驱动决策的方法，进而拿到落地业务的实际效果。

案例背景

菜鸟裹裹已成为全国最大的一站式寄件平台，背后需要实现对快递员数字化的精细化建模，不仅要指导快递员如何揽收各类型订单，还要考虑如何将订单分配给合适的快递员，以及如何提升消费者体验等问题。

直观来看，核心是快递员的任务揽收路径规划问题（Pickup Routing Problem）及订单分配问题（Order Assignment Problem）。如果从传统运筹优化的角度思考解决方案，揽收路径规划建模为 TSP 问题及其各种变种，包括 VRP（Vehicle Routing Problem）、DVRP（Dynamic Vehicle Routing Problem）、VRPTW（Vehicle Routing Problem with Time Window）、VRPPD（VRP with Pickup and Delivery）等。

传统的运筹优化方案在解决这些问题时，可以采用构造 MIP 精确求解、构造型启发式算法、元启发式算法等，但是 MIP 精确求解的速度慢，不适用，若设计 Heuristics 方法又需要耗费大量的人力资源。另外这种方法执行中有大量的假设，与实际情况会有明显的差异，这导致得到的结果落地难，与实操的差异非常大。而我们切换思路，将运筹优化的方法与数据驱动的解决方案（机器学习与深度学习）进行结合，使用多年沉淀的实操大数据中蕴含的知识，使得求解的结果能被线下真实应用，并得到相应的结果，这之中包含了如何将 OR（Operation Research）与 ML（Machine Learning）方法进行很好的结合，并对比各种结果。在进一步改进时，我们又引入了模仿学习（Imitation Learning）的使用方法，并在 GAIL（Generative Adversarial Imitation Learning）方法上进行改进，加入了空间及时间窗口上的约束，取得了更优的落地结果。此外，该数据驱动的决策方法改进也可应用到 Online Assignment、Pricing（Dynamic Pricing 与 Static Pricing 问题）、Inventory management 等问题上，整个数据驱动的决策框架具有一定的通用性。

案例实施

快递员的揽件路径规划问题，是快递员调度里的一个基本核心问题。传统的运筹优化解决方案是将其当成一个TSP问题的变种，这也是OR社区研究得最多的组合优化问题。

目前该问题也有很多的变种，如VRP（Vehicle Routing Problem）、Capacitated VRP(CVRP)、VRP with Time Windows(VRPTW)、VRP with Backhauls、VRP with Pickup and Delivery、Dynamic VRP、Multi—Depot VRP等，而在求解上也有构造MIP精确求解（如分支定界法、动态规划法等）、启发式算法（最近邻点、最近插入、贪婪插入、2-OPT等）、元启发式算法（模拟退火算法、蚁群算法、遗传算法、禁忌搜索算法等）。

这些传统的优化在求解实际问题时遇到了问题，比如精确求解速度慢，不适用实际情况；若采用启发式方法则设计Heuristics需要耗费大量人力；一般问题构建模型都做了大量假设（如TSP问题中将Node间距离定义Cost的问题，但实际情况比这复杂很多），求得的解与实操的差异非常大，导致真实落地存在困难。遇到这些困难后，结合之前在做大数据解决方案上的经验及实际快递员调度场景中沉淀下的大数据，我们形成了一套数据驱动决策的解决方案。首先，要解决城市与末端物流下的实际调度问题，必须要先了解其沉淀的数据特点，包括线下地理空间上的数据（POI、AOI等点、线、面数据）、快递员行走轨迹数据（固定时间区间上传并采集一个经纬度位置）、快递员在App端实操的各种数据等，这些数据特点与挑战一是多源异构，单源得到的数据只是片面的；二是具有强时空属性，具有动态性和随机性。因此，一般要经过几个关键步骤来处理，分别是时空数据挖掘处理（语义轨迹计算等），多源数据融合，最后是通过机器学习与深度学习的方式做深入挖掘。基于数据的准确描述，我们可以采用数据驱动决策的方法。总体来讲，数据驱动决策是一种基于学习（Learning）的方法，学习的前提是有数据样本，数据样本的来源既可以是由历史实操路径产生的，也可以由优化求解器（Gurobi、ORTool）生成的，这些数据对于优化问题而言就是原问题及问题的解。根据这些数据可以训练模型，可以采用有监督方式训练，也可以采用强化学习的方式来学习。这样在线上求解时，对于模型而言就是一个预测的过程，线上求解的速度一般都比较快。Chaitanya K.Joshi在文献中将数据驱动训练模型的方法分成了2个类别，即一次性（One-Shot）方法、自回归（Autoregressive）方法。

我们分别在基于一次性方法及基于自回归的方法上进行了探索。一般的一次性方法，会将路径生成问题看成是一个Graph上的序列生成问题，经历图构建过程、图处理过程、图上解码生成序列过程。图处理过程可以沿用目前在 Graph Neural Network 上的突破性进展，所以核心还是图的构建问题及图上解码过程的改进。

由于数据具有多源特性，因此 Multi-View Learning 显得较为重要，我们利用其思想将各源的信息加以利用，整合构建统一的 Node 表征及 Edge 表征，我们在这方面取得了较多突破，并取得了不错的最终结果。另外实际应用场景的挑战是，Graph 时时刻刻都在改变，因为不断有实时的订单需要被揽收，所以在设计图构建问题上还要解决这部分问题。解码过程可以采用 Beam-Search、Greedy-Search、Hybrid-Search 等方法，与传统运筹优化里的 Heuristic 方法相比，无论是求解速度与求解质量上其均有优势，它能应用实际揽收数据且更易落地。但这么做也有缺点，就是需要大量训练数据。这引发了我们在另外一类方法上的探索，类似于 NLP 的序列生成过程，最近我们在序列模型上有了诸多的突破，涉及论模型包括 Seq2Seq（Sequence to Sequence）模型、Seq2Seq with Attention 等。此外，我们也可以将快递员的路径规划问题当成一个 MDP 问题，采用序列求解的方法进行求解。考虑到强化学习等方案需要进行 Reward 设计，我们又开始尝试运用模仿学习进一步优化突破。常用的模仿学习有 2 种主要类型，一是 Behavior Cloning，可以采用监督学习的方式训练，也可以采用强化学习的方式进行训练；二是模仿强化学习，比如 Apprenticeship Learning、Maximum Entropy IRL 等方式。同时，我们也在思考能否采用 GAN 的思路做进一步优化，利用专业快递员的知识指导非专业快递员。另外，我们也在 GAIL（Generative Adversarial Imitation Learning）方法的思想上根据实际场景进行了诸多改进，特别是针对性解决实际中遇到的不确定性问题、决策影响因素多（空间关系、难易程度等）等挑战，将各种复杂的决策因素进行融合，并设计了专门针对问题的损失函数，使得到的结果真实符合线下场景，被广大快递员及调度员所接受。

案例总结

数据决策框架有以下几个关键点：

- 基于学习的方法解放了人工设计 Heuristic（启发式方法）及 MIP（混合整数规划）求解的困难。
- 基于学习的方法在求解质量上优于 Heuristic，速度方面满足实际场景的落地需求。
- 模仿学习有效利用了实际场景下沉淀的数据，可基于数据来做真实落地的有效决策。
- 通过改进模仿学习方法利用专业操作者的专业知识来改进非专业操作者的实操能

力，同时也解决落地难的问题。

从 ROI 角度，既提升百万级员工的工作效率，也提升消费者的体验。整个案例给我们的启示包括以下几点：

- 可将场景问题下的专家建模转化到以数据建模。
- 要充分利用线下场景的不确定环境中体现出的智慧。
- 需要针对数据设计模型，场景的数据特点决定了设计的模型。

33 | CHAPTER

探索 Web 音视频极致体验——字节播放器

作者介绍

银国徽 字节跳动 Web 多媒体技术负责人，开源作品“西瓜播放器”的设计者和核心开发者。2019 实时互联网大会出品人、Top100 全球年度案例讲师、FDCon2019 讲师、QCon 北京 2019 讲师。从事过彩票、旅游资讯、多媒体等多个领域的开发工作，擅长前端算法，累计申请专利 40 余项。

姜雨晴 字节跳动高级开发工程师，开源作品“西瓜播放器”直播核心开发者。国内一线音视频技术论坛讲师、出品人。曾先后就职于 Fedora Repository Team、熊猫 TV。

付宇豪 字节跳动高级开发工程师，开源作品“西瓜播放器”自研 Flv 的核心开发者，熟悉直播各种协议，在兼容性处理方面经验颇丰。

张鑫 字节跳动高级开发工程师，开源作品“西瓜播放器”点播核心开发者，积极研究 Web 安全相关工作。

- 歌词展示：字节播放器提供了歌词功能，并支持同步滚动和手动同步调整。
- m4a 格式播放支持：针对 m4a 音乐文件，字节播放器提供了 xgplayer-m4a 插件来实现类似 xgplayer-mp4 插件的格式解析和分段加载功能，并在此基础上实现 m4a 文件的任意片段截取、预加载控制、离线存储、精确 seek 加载和不同质量音乐资源之间的无缝切换。

（5）自研音视频解析库

字节播放器支持多种音视频流格式的流畅高清播放，从功能易用、解析质量等多方面精心打造 Web 端多媒体极致体验。

- 高清画质流畅体验：支持蓝光 4K 画质，极速高清解码，CPU 占用低。
- 全方位支持：支持多种 Web 端主流多媒体格式，包括 HLS、FLV、MPEG-DASH 等。
- 轻松上手：专业多媒体解析能力，复杂能力轻松接入使用。
- 专业内核引擎：对于每种播放格式分别提供了字节自研和业界主流音视频底层库。

（6）MP4

在点播领域里 MP4 是最普遍、兼容性最好的视频容器，不过 MP4 也有它的局限性，比如无法实现清晰度无缝切换。目前各个视频网站都在逐渐放弃 MP4 格式，并转向使用 HLS 和 MPEG-DASH 这类流式视频格式。通过对 MP4 格式底层封装的潜心研究，字节播放发掘出其强大潜能！

MP4 是一种非流式的视频格式，不支持分段独立播放，无法实现视频无缝切换。如果要把 MP4 转码成流式视频格式，会带来很大的成本开销，如将大量视频做转码会消耗高昂的机器资源、双倍存储的费用、双倍的 CDN 费用等。而字节播放器改变了对 MP4 视频的播放流程，不再直接使用 video 的 src 来播放。原生 video 不仅支持 src 属性还支持 Blob 对象，我们就是利用后者实现。

（7）HLS

HTTP Live Streaming（HLS）是由苹果公司提出的基于 HTTP 的流媒体网络传输协议，其传输内容包括 M3U8 描述文件和媒体文件（支持 TS、fMP4）。对 M3U8 描述文件进行解析，可获取到切片文件请求地址、时长以及点播直播类型等关键信息，而每个切片文件则可以看作是独立的音视频片段。

作为应用最为广泛的点播和直播协议之一，HLS 协议目前已在各移动端浏览器及 PC Safari 下获得了原生 video 播放支持。而对于 Chrome 等其他 PC 端浏览器环境，我们可通过转封装并借助 MediaSource 的能力来实现 HTML5 下 HLS 的播放。字节播放器已将业界常用的 hls.js 插件封装成可用插件，同时也产出了更轻量级的自研 HLS 解析播放插件，能够兼容多数业界主流直播产品的媒体资源播放。

（8）FLV

FLV 是一种早期专门为 Flash 播放器研发出的视频格式。虽然现代浏览器正在逐渐弃用 Flash 技术，但由于 FLV 格式具有结构简单、体积轻巧、直播延迟相对较低等优点，目前不少点播和直播产品仍将其作为主要视频流格式使用。脱离 Flash 技术，如何在 HTML5 下实现 FLV 格式播放?

FLV 格式包括文件头（File Header）和文件体（File Body），其中文件体由一系列 Tag 组成，是一种流式结构。在实际 FLV 播放过程中，可从 FLV 文件中提取出音视频元信息及媒体数据，然后转封装为 fMP4 格式，再通过 MSE 和 video 进行播放。以点播清晰度切换为例，我们可以从新清晰度视频的元数据中解析计算出当前播放时间下所需加载的关键帧信息，同时清除旧清晰度视频在 MediaSource 中的缓存，从而实现清晰度无缝切换。字节播放器自研实现了 FLV 的点播和直播插件，并在兼容性和性能方面领先于业界通用方案。

（9）MPEG-DASH

MPEG-DASH 作为 ISO 国际标准视频协议，在编码多样性、HTML5 支持、数字版权保护等方面灵活、兼容性良好，YouTube、Netflix、Hulu 等知名网站都采用 MPEG-DASH 作为主流视频格式。目前支持 MPEG-DASH 协议的 Web 播放器有 Dashjs 和 Shakaplayer（谷歌），字节播放器已经将这两个开源播放器封装成了可用插件。基于性能、包体积和问题及时排查等多方面的考虑，字节播放器也自主开发了 MPEG-DASH 播放插件。

常见的 MPEG-DASH 播放文件是由媒体资源清单 mpd 文件、头文件分片、以及视频内容的有序分片组成。其中 mpd 是个 xml 文件，播放器就是通过解析它来获得音视频资源的请求地址、编码方式、时长、带宽等信息。在播放过程中，字节播放器自研插件会根据播放时间计算出所需请求加载的媒体分片并推入请求队列，由请求队列依次获取资源交给 MSE 和 video 实现正常播放。

案例总结

字节播放器作为一个开源 HTML5 音视频播放器框架，本着一切都是组件化的原则大型全球化的电商网站在很多国家都会有站点，这些站点的基本功能都是相同的，只是某些小的功能点可能由于当地法务等要求而会有细微的差异，同时，像货币符号、时间格式等也会有差异。现在假定在测试过程中需要设计一个函数 getCurrencyCode 来获取货币符号，那么这个函数中势必会有很多 if-else 语句，根据不同的国家来返回不同的货币符号。比如图 34-5 中的 Before 代码中，就有好几个条件分支，如果当前国家是德国（isDESite）或者是法国（isFRSite），那么货币符号就应该是 EUR；如果当前国家是英国（isUKSite），那么货币符号就应该是 GBP；如果当前国家是美国（isUSSite）或者是墨西哥（isMXSite），那么货币符号就应该是 USD；如果当前国家不在上述范围内，那么就抛出异常。

上述函数的逻辑实现本身并没有问题，但是当你需要添加新的国家和新的货币符号时，往往就会需要添加更多的 if-else 分支，当国家数量较多的时候，代码的分支也会很多。更糟糕的是，当添加新的国家支持的时候，你会发现有很多代码都要加入更多的分支处理，十分不方便。那么，有什么好的办法可以做到添加新的国家支持的时候，不需要改动代码吗？

之所以出现那么多的分支处理，无非是因为要根据国家的不同而有不同的配置值（例子中的配置值就是货币符号），那如果我们可以把配置值从代码中抽离出去放到单独的配置文件中，然后通过读取配置文件的方式来动态获取配置值，那么就可以做到加入新的国家的时候代码本身不需要修改，而只要加入一份新国家的配置文件即可。

为此我们就有了图 34-5 中的 After 代码以及图中右上角的配置文件。After 代码中通过 GlobalRegistry 并结合当前环境的国家信息来读取对应国家配置文件中的值。比如 GlobalEnvironment.getCountry() 的返回值是 US，也就是说当前环境的国家是美国，那么 GlobalRegistry 就会去 US 的配置文件中读取配置值，显然就不再需要原先的 if-else 语句了。更难能可贵的是，假设某天我们需要增加日本的时候，getCurrencyCode 函数本身不用做任何修改，而只需要增加一个日本的配置文件即可。

理解了上面的场景，理解 GRS 就不难了。GRS 实现了将测试配置和脚本的解耦，提供了 Restful API 接口来获取测试配置的能力，图 34-6 给出了 GRS 的架构设计简图。图中的 GRS 其实就是 GlobalRegistry 类的服务化实现，同时引入了 GitHub 等 SCM 来实现配置文件的版本化管理。

7. 工程效率工具链仓库

类似苹果的 App Store 的概念，我们可以把各种测试小工具以及提高效率的工具统一集中在工程效率工具链仓库（Engineering Productivity Tools Store）里进行版本化管理。

比如我们可以开发一个小工具对被测函数的输入参数类型基于边界值自动生成边界测试用例。比如 String 类型的参数一定会生成 Null、SQL 注入攻击字符串、非英文字符、超长的字符串等，这样就可以系统性地避免开发的盲区。

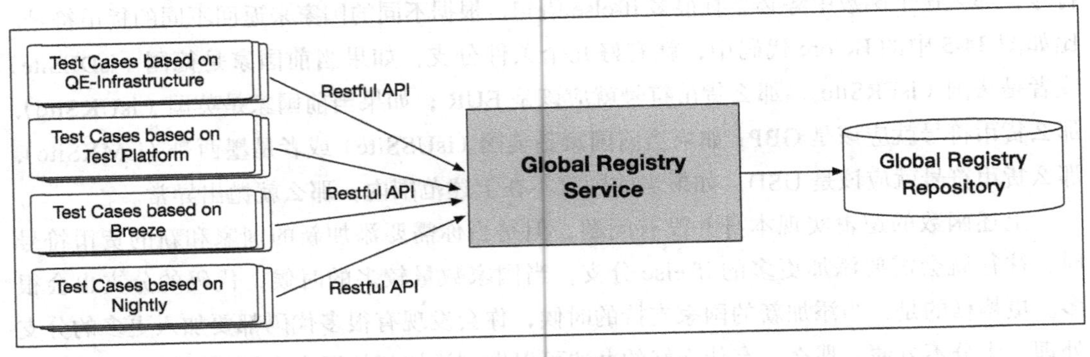

图 34-6　GRS 的架构设计

诸如此类的工具在公司全局都是有通用价值的，为此我们要求把这类工具纳入统一的管理中，以防止各个业务团队重复造轮子，并且让这些通用的工具在公司层面有一个集中管理和推广的平台，实现效率工具的公司内部开源。

案例总结

虽然“测试即服务架构”是一种比较先进的测试平台构建策略，但是从长远来看，随着开发模式的快速迭代与发展，这种架构应该是一种中间态，未来的测试架构一定会朝着“测试中台”的方向发展，尤其是对于大型软件企业，其跨产品线、跨平台的测试技术积累诉求尤为强烈，那么必将促进“测试即服务架构”向“企业级测试中台”演化与发展。让我们拭目以待吧！

后记

展现在大家眼前的是第八届全球软件案例研究峰会（以下简称 TOP100 Summit）的精彩案例合集。

八年时光，白驹过隙。

回望 2012 年，TOP100 Summit 第一次出现在中国软件、互联网从业者的眼前。从那时候起，研发组织有了新的提升方式，也多了一个年度盘点的“大餐”。八年时光里，有超过 1000 位来自中、美、澳、印等国家的讲师在这个舞台上输出自己的经验，有超过 20000 名听众来这里学习他人的实践，TOP100 Summit 从一个单纯的会议逐渐成为通过会议、沙龙、在线案例学院、书籍出版等方式全方位为研发组织赋能的一个“外脑”、一个智库平台。

建立一个案例“智库”正是我们举办 TOP100 Summit 的初心，也是我们的使命。回顾中国互联网、软件行业快马加鞭的这十几年，技术不断突破创新，行业变化疾如旋踵，对行业从业者来说，这个时代机会无处不在，而研发组织快速成长的方法却很难找到。我们在多年的培训、咨询经历中，总会听到类似的话语，“为什么他们的 xx 产品体验这么好？”“能不能帮忙引荐一下 xxx，想请教他们的架构在 xx 方面”是怎么做的。听得多了，我便萌生了一个想法，能不能把全球优秀的年度研发实践集中起来，组织一场会议，让这些有疑问的人和组织都能来学习，加速成长。

这一干，就是八年。

2020 年，我们迎来了 TOP100 Summit 的第九个年头，这本案例集如约而至，一如既往地囊括了第八届 TOP100 Summit 的精华案例。为了让读者更好地在议题内容方面聚焦，本书涵盖了研发效能、架构设计、测试管理等几方面的内容，内容既有来自阿里巴巴、平安、京东等世界 500 强企业的案例，也有来自小米、小红书等快速成长型企业的案例。

相信无论您是什么技术背景，都有机会在这本书里找到值得学习的内容。

书里的文章是讲师精心准备的、在会议上得到高分的内容，不但有理论阐述，更有案例分析。选取的话题都是贴近真实工作场景，在极具参考价值的同时，又令人感到亲切。

如今，这本书经过 6 个月的筹备终于要和大家见面了，我想在这里特别感谢 TOP100 Summit 组委会的所有同事，感谢讲师们的精心准备，感谢为案例把关的联席主席们，特别感谢为本书提供了书稿的讲师们，没有你们就没有这本案例集，感谢你们的付出，能让更多的人加入案例研究，学习你们的最佳实践。

最后，要感谢华章的杨福川编辑和栾传龙编辑，本书非一人所写，在近四十位讲师风格迥异的稿件里“摸爬滚打”实在不是件容易的事情，也非常感谢两位编辑的付出。

大鹏一日同风起，扶摇直上九万里。希望 TOP100 Summit 的第九年越来越好，也希望与您共同学习，共同成长！

全球软件案例研究峰会组委会秘书长
麦思博（北京）软件技术有限公司 CEO
刘付强
2020 年 5 月

推荐阅读

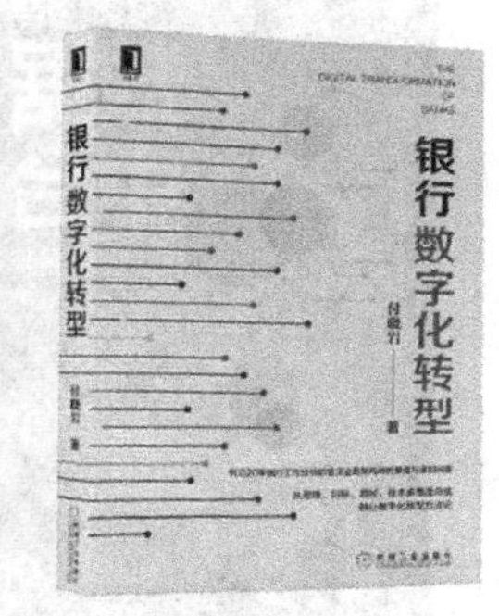

《RPA流程自动化引领数字劳动力革命》

这是一部从商业应用和行业实践角度全面探讨RPA的著作。作者是全球三大RPA巨头之一AA（Automation Anywhere）的大中华区首席专家，他结合自己多年的专业经验和全球化的视野，从基础知识、发展演变、相关技术、应用场景、项目实施、未来趋势等6个维度对RPA做了全面的分析和讲解，帮助读者构建完整的RPA知识体系。

《用户画像》

这是一本从技术、产品和运营3个角度讲解如何从0到1构建一个用户画像系统的著作，同时它还为如何利用用户画像系统驱动企业的营收增长给出了解决方案。作者有多年的大数据研发和数据化运营经验，曾参与和负责了多个亿级规模的用户画像系统的搭建，在用户画像系统的设计、开发和落地解决方案等方面有丰富的经验。

《银行数字化转型》

这是一部指导银行业进行数字化转型的方法论著作，对金融行业乃至各行各业的数字化转型都有借鉴意义。

本书以银行业为背景，详细且系统地讲解了银行数字化转型需要具备的业务思维和技术思维，以及银行数字化转型的目标和具体路径，是作者近20年来在银行业从事金融业务、业务架构设计和数字化转型的经验复盘与深刻洞察，为银行的数字化转型给出了完整的方案。

推荐阅读

数据中台

超级畅销书

这是一部系统讲解数据中台建设、管理与运营的著作，旨在帮助企业将数据转化为生产力，顺利实现数字化转型。

本书由国内数据中台领域的领先企业数澜科技官方出品，几位联合创始人亲自执笔，7位作者都是资深的数据人，大部分作者来自原阿里巴巴数据中台团队。他们结合过去帮助百余家各行业头部企业建设数据中台的经验，系统总结了一套可落地的数据中台建设方法论。本书得到了包括阿里巴巴集团联合创始人在内的多位行业专家的高度评价和推荐。

中台战略

超级畅销书

这是一本全面讲解企业如何建设各类中台，并利用中台以数字营销为突破口，最终实现数字化转型和商业创新的著作。

云徙科技是国内双中台技术和数字商业云领域领先的服务提供商，在中台领域有雄厚的技术实力，也积累了丰富的行业经验，已经成功通过中台系统和数字商业云服务帮助良品铺子、珠江啤酒、富力地产、美的置业、长安福特、长安汽车等近40家国内外行业龙头企业实现了数字化转型。